Parveez Gull

Sistemas macromoleculares de ligandos e seus complexos metálicos

Parveez Gull

Sistemas macromoleculares de ligandos e seus complexos metálicos

Síntese, elucidação estrutural e propriedades biológicas

ScienciaScripts

Imprint

Any brand names and product names mentioned in this book are subject to trademark, brand or patent protection and are trademarks or registered trademarks of their respective holders. The use of brand names, product names, common names, trade names, product descriptions etc. even without a particular marking in this work is in no way to be construed to mean that such names may be regarded as unrestricted in respect of trademark and brand protection legislation and could thus be used by anyone.

Cover image: www.ingimage.com

This book is a translation from the original published under ISBN 978-613-3-99191-0.

Publisher:
Sciencia Scripts
is a trademark of
Dodo Books Indian Ocean Ltd. and OmniScriptum S.R.L publishing group

120 High Road, East Finchley, London, N2 9ED, United Kingdom
Str. Armeneasca 28/1, office 1, Chisinau MD-2012, Republic of Moldova, Europe
Printed at: see last page
ISBN: 978-620-8-07507-1

Conteúdo

DEDICADO

AOS MEUS QUERIDOS PAIS E IRMÃS

PARA

O SEU AMOR ETERNO E

AS SUAS

BÊNÇÃOS

Agradecimentos

Antes de mais, gostaria de agradecer a Deus Todo-Poderoso, o mais misericordioso e benéfico, por ter permitido que esta tarefa chegasse ao seu termo. No processo de elaboração deste livro, apercebi-me de como este dom da escrita é verdadeiro para mim. Deram-me o poder de acreditar na minha paixão e de perseguir os meus sonhos. Nunca poderia ter feito isto sem a fé que tenho em ti, o Todo-Poderoso.

Durante a realização deste livro, várias pessoas colaboraram direta e indiretamente com o meu projeto. Sem o seu apoio, seria impossível concluir o meu trabalho. É por isso que quero reconhecer o seu apoio.

Por último, aproveito esta oportunidade para exprimir a minha profunda gratidão, com grande honra e respeito, aos meus queridos pais, cujas orações se revelaram um farol para o navio da minha carreira. Gostaria de agradecer aos meus pais, cuja inspiração tem sido um pilar de força na minha vida. Foi graças à sua extraordinária vontade, esforços, inúmeros sacrifícios, encorajamento e bênçãos que me levaram a compilar esta tese. O seu amor e apoio sem limites mantiveram sempre o meu entusiasmo durante todo o trabalho de investigação. É de facto um privilégio registar a inspiração e o apoio que recebi das minhas irmãs. Estou muito grato pelo seu amor incondicional, pela sua cooperação incansável e pelo seu apoio emocional, que foram imensamente necessários para concluir este trabalho. Elas sempre me encorajaram nos momentos de angústia e desespero com o seu sentido de humor apurado.

Parveez Gull

Prefácio

Os ligandos macromoleculares e os seus complexos metálicos são um património extraordinário para a nova geração humana. Há um esforço crescente para analisar a conceção e preparação de tais materiais e para estudar a sua síntese, cinética, termodinâmica, funcionalidade química e padrão de coordenação. Os metais e os complexos metálicos podem formar compostos com macromoléculas orgânicas que apresentam propriedades surpreendentes. Os compostos-modelo produzidos sinteticamente, tais como ftalocianinas, porfirinas ou metaloproteínas, bem como os polímeros metalorgânicos, têm despertado grande interesse na ciência dos materiais.

Este guia condensado destina-se a dar uma ideia a todos os químicos orgânicos, inorgânicos, de polímeros e físicos, bem como aos cientistas de materiais que procuram as propriedades emergentes dos sistemas macromoleculares incorporados em metais. Incorpora as ideias de síntese, caraterização e conceção orientada de macromoléculas metálicas. Também ajuda a determinar as suas estruturas, as propriedades físico-químicas de compostos promissores e as suas potenciais aplicações biológicas. Além disso, as abordagens mais significativas de síntese e investigação são apresentadas em pormenor numa secção experimental.

Tendo em conta o facto de a química de coordenação constituir a base de uma extensa investigação devido às suas múltiplas aplicações, particularmente em áreas como a biologia, a catálise e a indústria. Por conseguinte, pensou-se que valia a pena desenvolver este livro concebendo e sintetizando alguns novos compostos contendo metais para explorar as suas caraterísticas estruturais e explorar as suas potenciais aplicações biológicas.

Acreditamos que este livro será útil tanto para os investigadores que têm experiência na síntese e aplicação de MMC como para os jovens investigadores que desejam lidar com este interessante domínio de um ramo emergente da ciência. Assim, o livro será uma ferramenta muito útil para cientistas de polímeros, cientistas de materiais, químicos orgânicos e químicos físicos que trabalham nestes domínios. Assim, o livro será uma ferramenta muito útil para os cientistas de polímeros, cientistas de materiais, químicos orgânicos e químicos físicos que trabalham nestes domínios.

Capítulo 1

Complexos metálicos macromoleculares

1.1 Introdução geral

Os complexos macromoleculares são descritos como macromoléculas contendo metais e seus derivados. Os complexos macromoleculares metálicos são de vários tipos, como os complexos intermoleculares e os conjuntos moleculares. Estes complexos macromoleculares são assim considerados como os compostos de nível molecular de macromoléculas e obtém-se uma grande diversidade de complexos macromoleculares que ainda estão por descobrir através da alteração dos iões metálicos.

(a) Iões metálicos ligados electrostaticamente a polielectrólitos.

(b) Complexos metálicos ligados a sistemas ligantes macromoleculares por ligações covalentes.

(c) Complexos metálicos ligados a redes macromoleculares através dos ligandos.

(d) Complexos metálicos ligados a macromoléculas através de ligações covalentes.

(e) Complexos metálicos ligados a redes macromoleculares através do ião metálico.

(f) Complexos metálicos macromoleculares distribuídos em moléculas orgânicas.

Há um esforço crescente para analisar a conceção e preparação de materiais e para estudar a sua funcionalidade química, padrão de coordenação, catenação, catálise e separação [1, 2]. As explorações deste tipo tornam-se mais pormenorizadas com uma maior capacidade de manter constante o maior número possível de variáveis, alterando ao mesmo tempo apenas a propriedade em consideração [3, 4]. As interações não covalentes, tais como as forças de dispersão [5], as ligações de hidrogénio [6], as ligações de coordenação [7] e as interações aromáticas [8], conduzem habitualmente a processos de auto-montagem em superfícies.

A intensa escalada na área de investigação dos complexos metálicos macromoleculares deve-se às surpreendentes propriedades químicas e electrónicas destes materiais, como a condutância, os sensores, a luminescência e a catálise de reacções. Existem vários métodos bem descritos para a síntese destes materiais e as modificações adequadas nos reagentes constituem uma alternativa para a produção destes complexos macromoleculares contendo metais. A incorporação de iões metálicos nas macromoléculas pode ser feita quer pela formação de ligações coordenadas quer pela ligação organometálica do ião metálico aos heteroátomos presentes no sistema. A variação das propriedades dos sistemas macromoleculares metalizados deve-se à variação de vários aspectos como o estado de oxidação do metal, a geometria do complexo formado e todos estes factores podem ser controlados durante a síntese do sistema macromolecular.

Lehn et al estudou a química hospedeiro-convidado e recebeu o prémio nobre pelo mesmo, o que abriu as mentes dos cientistas neste domínio. [9, 10] e, desde então, a química supramolecular tem vindo a progredir como um domínio de renome da investigação química moderna. A química supramolecular moderna tem-se ocupado da auto-montagem [11] dos compostos sintéticos que estão relacionados com os sistemas naturais [12]. Houve uma fusão entre os sistemas macromoleculares e a química tradicional dos polímeros. A síntese de materiais supramoleculares com rácios mais elevados de polímeros permitiu produzir materiais com caraterísticas que chamam a atenção e conjuntos com propriedades poliméricas distintas. Variando a razão de polímeros, as caraterísticas macroscópicas podem ser grandemente alteradas. O grupo de investigação de Meijers [13] estudou a formação de polímeros que são estáveis e são preparados a partir de materiais de baixo peso molecular como o poli(etileno/butileno) com grupos terminais téchelic-2-ureido- 4[1H]-pirimidinona. Os polímeros de elevado peso molecular são obtidos pela interação de grupos terminais através de ligações de hidrogénio.

1.2 Química de metal-ligante

A química supramolecular é um domínio de estudo relativo à associação de moléculas individuais em estruturas de grande escala através de interações que não as ligações covalentes [14]. Estas estruturas supramoleculares podem ser concebidas através de uma variedade de interações que incluem a ligação de hidrogénio, interações electrostáticas, interações π-π, interações hidrofóbicas e outros efeitos hospedeiro-hóspede, e interações metal-ligando. Destas interações, os complexos metal-ligando são dos mais bem estudados, tendo sido pela primeira vez levados à consideração da comunidade científica em geral com o trabalho de Pedersen sobre a capacidade dos poliéteres cíclicos para complexar sais metálicos no final dos anos 60 [15, 16].

Em termos comuns, a coordenação metal-ligante orbita em torno da doação de densidade eletrónica pelo ligando rico em electrões ao centro metálico pobre em electrões. A doação de electrões dos ligandos pode surgir através de vários modos, tais como uma carga negativa no ligando, a densidade eletrónica na nuvem de electrões π das ligações hibridizadas sp e sp^2 e os electrões dos pares solitários numa molécula orgânica. A interação dos pares solitários de electrões com as orbitais d do metal é observada em ligandos doadores de σ, como as aminas e as fosfinas. Um exemplo particular é o Co(NH3)6Cl3, um composto cuja estrutura foi interpretada pela primeira vez por Werner, lançando as bases do estudo da química de coordenação. Após a coordenação do ligando com o metal, as orbitais hibridizadas do metal do tipo d^x sp^y aceitam a densidade eletrónica do ligando, com os inteiros x e y dependendo da extensão do preenchimento da orbital d, das propriedades do ligando e de outros factores [17]. Frequentemente, a hibridação parcial da subcamada d do metal dá origem a uma divisão das energias orbitais, resultando em orbitais hibridizadas anti-ligantes de maior energia e orbitais ligantes de menor energia. Isto pode ultrapassar a energia de emparelhamento dos electrões na orbital, resultando em electrões emparelhados que ocupam orbitais de menor energia [18].

1.3 Bases de Schiff

As bases de Schiff têm ocupado uma posição importante na química de coordenação desde que foram descobertas [19-21]. Devido à facilidade de formação, estabilidade e diferentes estados de oxidação, têm desempenhado um papel importante na quelação de metais de transição e na química de coordenação de metais principais [22-24]. A química inorgânica avançou muito devido à presença destes diversos sistemas ligandos. Estas bases de schiff também desempenharam um papel importante na construção da bioquímica inorgânica, catálise, medicina, propriedades ópticas, etc. A coordenação de metais de transição com estes diversos sistemas ligandos é também de grande importância no domínio da química [25]. As construções e propriedades destes complexos metálicos de base de schiff podem ser melhoradas através da ligação de diferentes substituintes à espinha dorsal do ligando [26]. O seu papel influente nas ciências biológicas aumentou o interesse dos cientistas e são muito utilizados como antibacterianos, antifúngicos e antitumorais [27-29].

As bases de Schiff são concebidas e sintetizadas pela reação de aminas com aldeídos e cetonas em condições específicas descobertas por Hugo Schiff [30]. A base de Schiff é um composto que contém azoto, também conhecido como imina ou azometina. O grupo funcional presente no ligando de base de schiff é R1HC=N-R2 em que Ri e R2 são grupos arilo, alquilo, cicloalquilo ou heterocíclico.

A presença de um par de electrões solitários no átomo de azoto do grupo C=N confere a estes compostos uma excelente capacidade quelante, como se pode ver no exemplo apresentado na figura 2. A capacidade quelante das bases de schiff torna-as um sistema ligando interessante na química de coordenação, particularmente devido à sua flexibilidade e facilidade de formação.

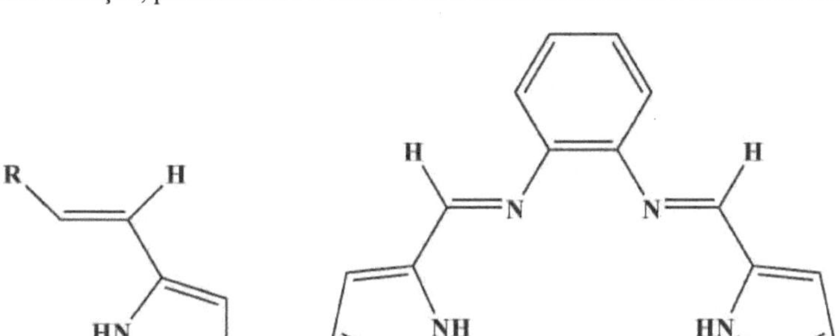

Figura 2

As bases de Schiff podem ser sintetizadas de várias formas, adoptando diferentes métodos [3133], sendo a condensação de aminas e aldeídos e cetonas catalisada por ácido a mais comum. Trata-se de uma reação em duas fases, em que o ataque nucleofílico do átomo de azoto ao carbono carbonílico é a primeira fase, resultando no intermediário carbinolamina, que é instável.

Na segunda etapa, o intermediário sofre desidratação para formar uma ligação dupla de carbono que é conhecida como uma base de schiff [34, 35]. **(Esquema 1.1)** Todas as etapas envolvidas nesta sequência de reação são reversíveis. Por conseguinte, a condensação de bases de Schiff pode ser utilizada para produzir diversos materiais se forem utilizados materiais de partida diferentes [36].

Esquema 1.1 Síntese da base de Schiff

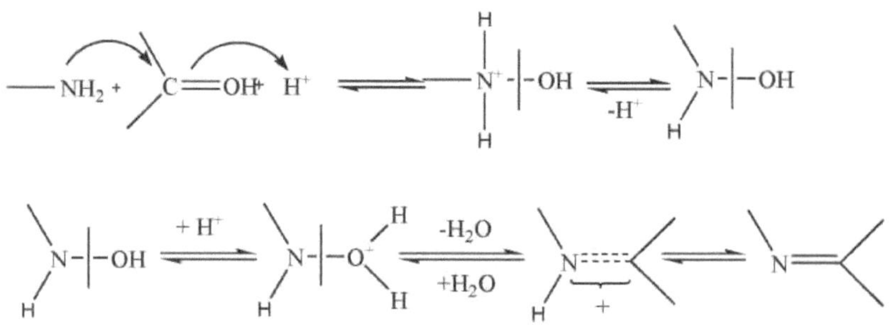

Existem vários factores que perturbam a reação de condensação, mas o pH da solução desempenha um papel vital. Uma vez que a amina básica é protonada em meio ácido e não pode atuar como nucleófilo, a reação é interrompida. Além disso, em meio básico, não está disponível um número suficiente de protões para eliminar o grupo hidroxilo do intermediário instável, o que dificulta a continuação da reação [37].

Os complexos metálicos de base de Schiff são normalmente sintetizados através da reação de sais metálicos com ligandos de base de Schiff em condições de reação específicas. No entanto, para efeitos de catálise, alguns dos complexos metálicos são também sintetizados durante o processo de reação no sistema. Foram descritas cinco rotas sintéticas para a síntese de complexos metálicos de base de Schiff e são apresentadas no esquema 1.2 [38].

Esquema 1.2 Rotas sintéticas para a síntese de complexos metálicos

A via **1** utiliza os alcóxidos metálicos [M(OR)$_n$] que estão facilmente disponíveis para utilização, em especial de metais de transição. Na **via 2**, as amidas metálicas são utilizadas como precursores na síntese de complexos metálicos baseados em bases de schiff. Várias outras vias utilizadas como vias de síntese consistem na reação direta da base de schiff e do ião metálico. (**via 3**) ou reação das bases de schiff com os acetatos metálicos correspondentes em refluxo (**via 4**). O esquema descrito na **via 5**, que é algo eficaz na síntese de complexos metálicos do tipo salen, compreende uma reação em duas fases, a desprotonação das bases de Schiff e a reação com sais metálicos. Os hidrogénios fenólicos podem ser desprotonados eficazmente utilizando hidreto de sódio ou hidreto de potássio em solventes de coordenação e o excesso de NaH ou KH pode ser removido por filtração.

A palavra salen foi utilizada apenas para designar as bases de Schiff tetradentadas obtidas a partir do salicilaldeído e da etilenodiamina, e é referida na literatura como representando a classe dos ligandos tetradentados (O, N, N, O) **(Figura 3)**. Uma vez que é possível obter sinteticamente numerosos ligandos e subprodutos de bases de Schiff quirais e aquirais, foi também produzida uma grande diversidade de complexos de bases de Schiff tetradentadas com N2O2. Os complexos metálicos de base de Schiff assumem frequentemente uma configuração octaédrica, embora com uma exceção limitada, e normalmente transportam dois ligandos auxiliares [39, 40].

A química dos complexos multimetálicos é atualmente uma área de investigação extensa e interdisciplinar. Os complexos metálicos dinucleares têm sido um campo de investigação que desperta a atenção devido à sua importância, uma vez que actuam como catalisadores no processo de oxigenação [41]. As inovações dos núcleos dinucleares nos sítios proeminentes de algumas metaloproteínas despertaram a atenção para a investigação de sistemas multimetálicos [42]. Muitos mono e dialdeídos / cetonas têm sido utilizados para se condensarem com aminas ou aminoácidos para determinar bases de Schiff binucleares multidentadas para sintetizar uma diversidade de complexos binucleares de metais de transição [43].

Os complexos metálicos trinucleares podem ser sintetizados a partir dos ligandos com azoto azometínico e oxigénio fenólico. A cavidade presente nos ligandos tetradentados apresenta um local adequado para a complexação de iões metálicos divalentes. Os complexos de bases de Schiff também formam complexos homo ou hetero trinucleares, actuando como ligandos bidentados [44]. A capacidade destes complexos para se coordenarem através de átomos de oxigénio cis leva ao desenvolvimento de complexos metálicos trinucleares [45].

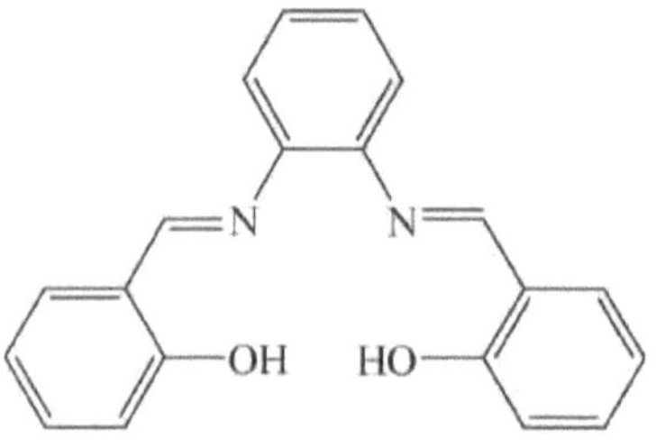

N, N'-bis(Salicylidene)-orthophenlenediamine

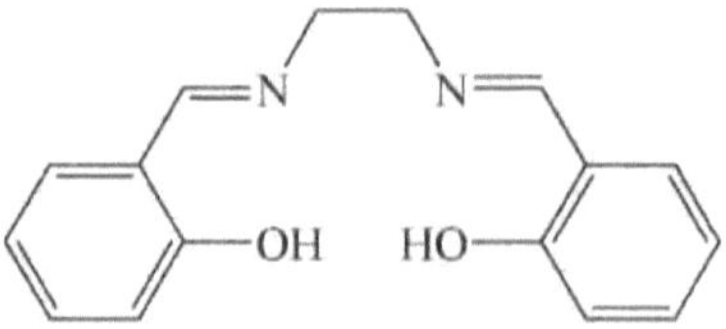

N, N'-bis(Salicylidene)-ethylenediamine

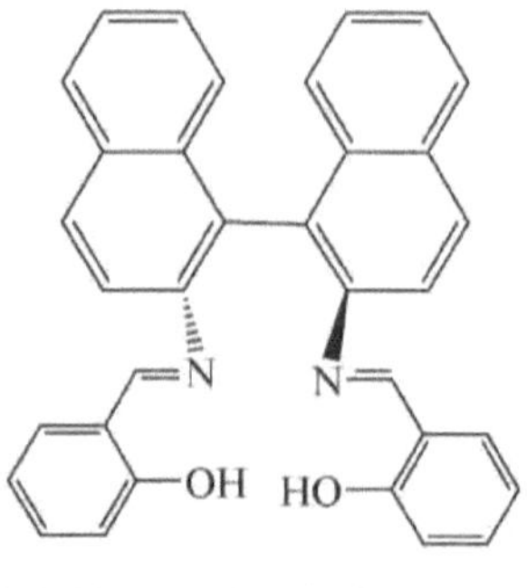

N, N'-bis(Salicylidene-1,1'-binaphthyl-2,2')-diamine

Figure 3

Os complexos de base de Schiff são utilizados para várias finalidades, que são discutidas brevemente. O desenvolvimento do distinto complexo de base de Schiff, cloreto de N, N'- bis (3, 5-di-tertbutilsalicilideno) - 1, 2-ciclohexanodiaminomanganês (III) é apresentado no **Esquema 1.3** [46, 47]. Este complexo metálico de manganês é designado por catalisador de Jacobsen, que é preparado eficientemente pela reação de trans-1,2-diaminociclohexano e 3,*5-di-terc-butil-2-hidroxibenzaldeído*

10

e metal de manganês, seguida de oxidação.

Esquema 1.3 Síntese do catalisador de Jacobsen

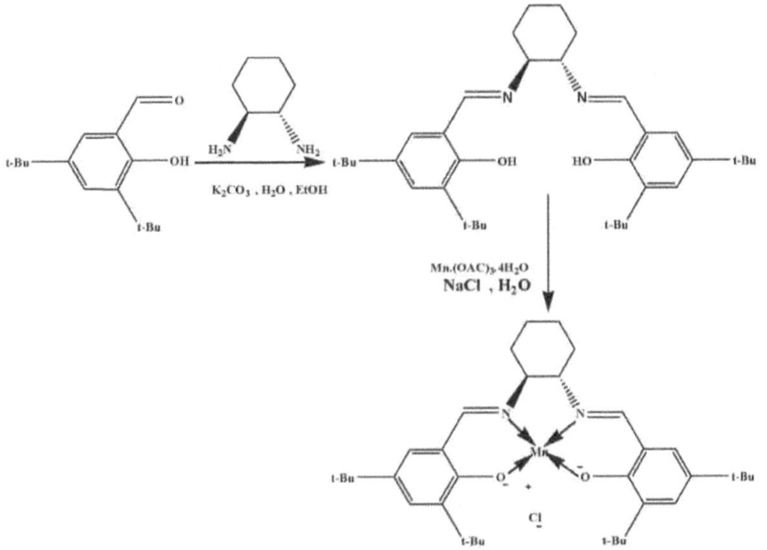

Bhunia *et al.* prepararam um catalisador através da hibridação de um complexo de Ni(II) com a sílica mesoporosa, MCM-41, por modificação. O ligando foi obtido a partir da condensação de salicildeído e 3-aminopropiltrietoxisilano, que foi depois ligado quimicamente ao MCM-41 através da via do alcóxido de silício. As propriedades deste catalisador sintetizado foram verificadas na epoxidação de alcenos utilizando o terc-butil-hidroperóxido como oxidante e o catalisador pode ser reciclado várias vezes sem qualquer perda de atividade [48].

Li e colaboradores conceberam um novo quimiossensor que contém zinco, nomeadamente o ácido 2-((2-hidroxinaftaleno-1-il) metilenoamino)-3-(1H-indol-3-il) propanoico **(Figura 4)**, que é de fácil síntese e apresenta uma elevada seletividade para os iões Zn, com solubilidade total em solvente aquoso. Além deste sensor, também incorporaram o triptofano, barato e solúvel em água, com 2-hidroxi-1-naftaldeído para disponibilizar os locais de quelação para os iões metálicos e a montagem foi interpretada espectroscopicamente [49].

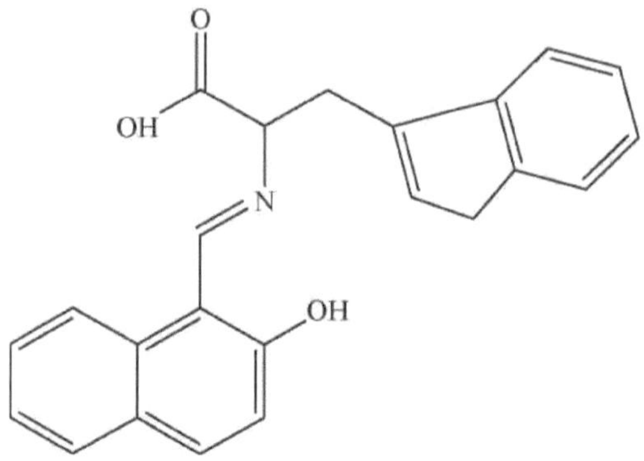

Figura 4

Bases de Schiff baseadas na fluorescência usadas para a descoberta de Zn(II) foram sintetizadas por Liu *et al.* (**Figura 5**). Este sistema ligando confiante é empregue para o progresso de uma nova sonda fluorescente para a descoberta do catião Zn(II) [50].

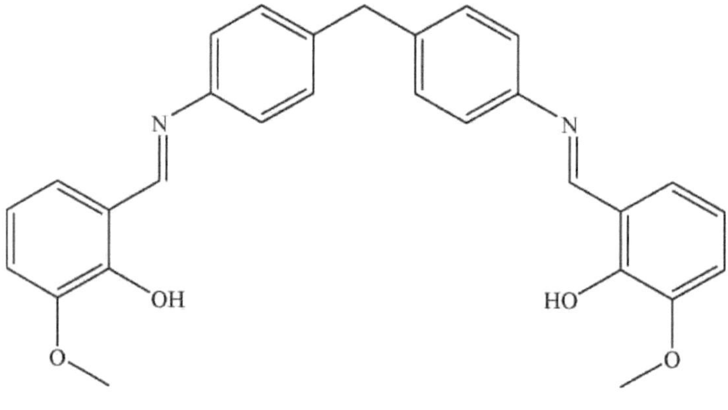

Figura 5

Os complexos metálicos luminescentes têm sido alvo de grande atenção na era atual devido às suas aplicações crescentes nos domínios dos dispositivos e sensores optoelectrónicos [51, 52]. A preocupação mais importante nos LED orgânicos é a síntese de moléculas com uma eficiência de emissão extraordinária e a seleção de iões metálicos através da modificação [53, 54]. Os compostos orgânicos de boro têm propriedades luminescentes e de transporte de electrões dignas de nota [55].

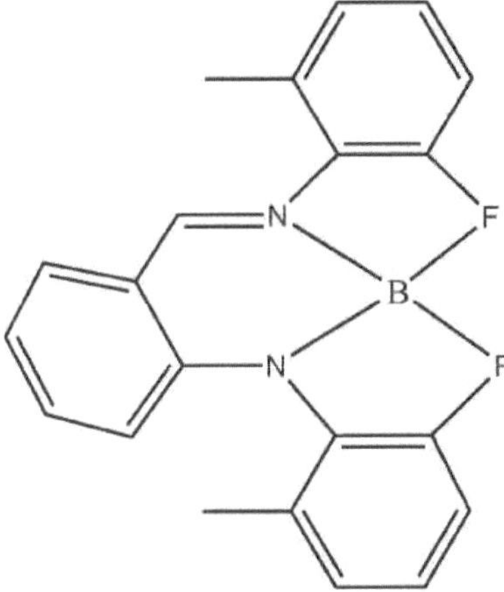

Figure 6

Bhattacharjee *et al.* sintetizaram uma série de novos complexos de base de Schiff de Zn(II), foto-luminescentes, do tipo hemi-disco, com cadeias alcoxi substituídas por 4 no anel aromático lateral (**Fig. 7**) [56].

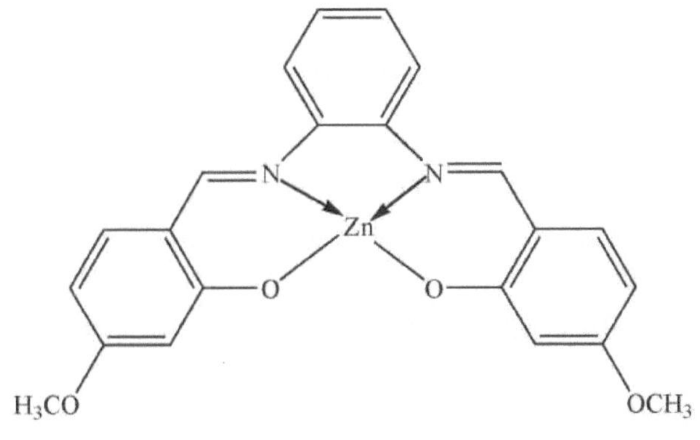

Figura 7

As aplicações de cromóforos orgânicos como materiais ópticos não lineares nos domínios do processamento de sinais ópticos, da aquisição de dados ópticos, da computação ótica e das comunicações ópticas aumentaram o interesse dos cientistas pela conceção e síntese desses materiais [57]. As azometinas com demonstração de demonstração do grupo imina têm vastas aplicações, tais como materiais ópticos não lineares, inibidores de corrosão, transportadores de catalisadores, materiais resistentes ao calor e em sistemas biológicos [58-60].

Tanga e colaboradores sintetizaram aceptores electrónicos de base de schiff do tipo salen à base de cianeto com uma série de substituintes assimétricos dadores-aceptores **(Figura 8)** [61].

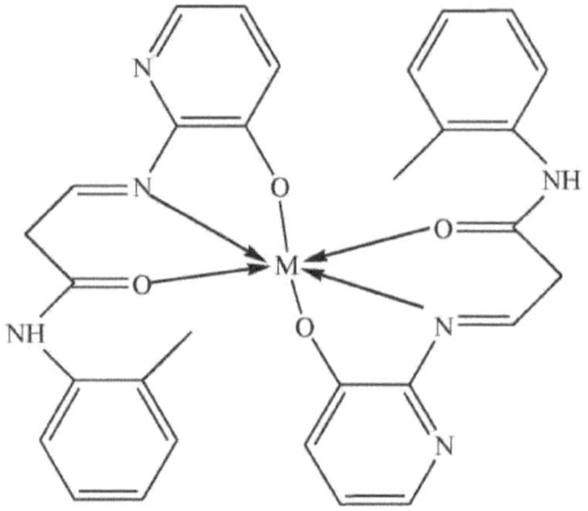

Figura. 8

Sabe-se também que as bases de Schiff apresentam propriedades biológicas e são maioritariamente utilizadas como fármacos em medicina [62, 63]. Estudos experimentais demonstraram que a incorporação de iões metálicos aumenta a atividade biológica das bases de Schiff após quelação [64, 65].

S. Hasnain *et al.* sintetizaram a base de Schiff N,N' bis(Salicilideno) tiossemicarbazida obtida a partir de tiossemicarbazida e salicilaldeído e os seus complexos de Cu(II), Ni(II), Mn(II) e Co(II) que apresentaram actividades antimicrobianas eficazes contra *Escherichia coli*, *Staphylococcus aureus*, *Bacillus subtilis* e contra *Aspergillus niger, Candida albicans e Aspergillus flavus (levedura)*, respetivamente [66]. A base de Schiff obtida a partir de 2'-metilacetoacetanilida e 2-amino-3-hidroxipiridina e os seus complexos de Zn(II), Cu(II), Ni(II) e Co(II) foram testados quanto às suas actividades antimicrobianas contra várias estirpes de bactérias e fungos e as estatísticas mostram que os complexos têm maior atividade do que o ligando [67].

Várias investigações biológicas provaram que o ADN é o principal alvo dos fármacos anticancerígenos, uma vez que os fármacos interagem com o ADN das células cancerígenas e danificam-no, bloqueando assim a divisão celular, o que leva à morte das células [68, 69]. Os complexos de metais de transição surgiram como excelentes sondas para o estudo do ADN e potenciais agentes terapêuticos [70-72]. O facto de visarem especificamente sítios de ADN criará novos quimioterapêuticos e também aumentará a capacidade dos cientistas para sondar o ADN e sintetizar agentes de diagnóstico extremamente profundos [73].

A ligação de complexos metálicos ao ADN é uma questão importante e é obrigatório compreender os vários modos de ligação ao sintetizar os fármacos antitumorais. Na maior parte dos casos, os complexos metálicos interagem com o ADN de forma covalente ou não covalente, sendo que a interação não covalente tem três modos de ligação: intercalação, ligação ao sulco e efeitos electrónicos estáticos externos. Entre estes modos de ligação, a intercalação é de grande importância, uma vez que aumenta a planaridade dos ligandos [74, 75]. Além disso, a geometria do complexo, o tipo de ião metálico, a valência do ião metálico e o tipo de átomos dadores presentes desempenham um papel essencial na determinação da magnitude da ligação dos complexos metálicos ao ADN [76-78].

A atividade anticancerígena dos ligandos de bases de schiff e dos seus complexos metálicos foi amplamente investigada e a complexação dos iões metálicos aumenta a atividade das bases de schiff [79, 80]. Os complexos de níquel de 1, 2-bis (salicilidenoamino) etano na presença de ácido monoperoxifálico mostram a clivagem do ADN plasmídico [81]. Griffin *et al* observaram a ligação ao ADN de vinte e seis (26) complexos de salen de Mn(III) e observaram que a estrutura e a estereoquímica dos substituintes são as principais responsáveis pela alteração da clivagem do ADN [82].

Foi comunicada a interação de complexos de base de Schiff de crómio(III), $[Cr(salen)(H_2O)_2]^+$ em que salen = N,N' etileno bis (salicilidenoimina) e $[Cr(salprn)(H_2O)_2]^+$ em que salprn = N,N' propileno bis (salicilidenoimina) **(Figura 9)** com ADN do timo de vitelo (ADN-CT) [83, 84]. Os complexos binucleares de Cu(II) de N, N' bis(3,5-tert-butilsalicilideno-2-hidroxi)-1,3-propanodiamina são eficazes na clivagem do ADN do plasmídeo na presença de H2O2 a pH = 7,2 e *37°C* [85].

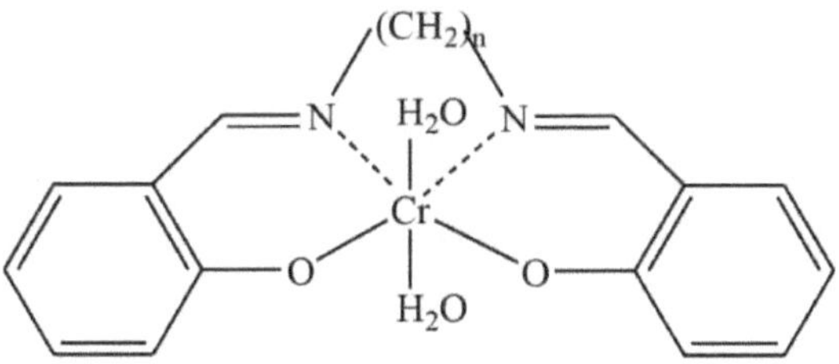

$n = 2$, L = $[Cr(salen)(H_2O)_2]^+$, $n = 3$, L = $[Cr(salprn)(H_2O)_2]^+$

Figura 9

Wu e colaboradores sintetizaram um complexo binuclear, $[(phen)Cu(lbipp) Cu(phen)](ClO_4)_4$ **(Figura 10)** (phen = 1, 10- fenantrolina e bipp = 2,9 - bis(2-imadazo [4,5-f] [1, 10] fenantrolina) - 1, 10-fenantrolina). A fotofísica e a viscosimetria mostraram que o complexo binuclear de cobre (II) se liga fortemente ao ADN-CT por intercalação dos dois terminais de cobre (II) da fenantrolina [86].

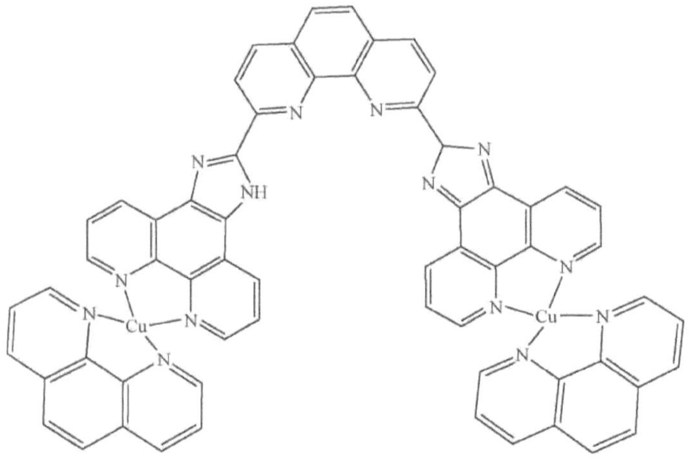

Figura 10

Raman et al comunicaram as propriedades de ligação ao ADN dos complexos de Cu(II) e VO(IV) derivados do ligando de base de Schiff 4-(3',4'dimetoxibenzaldehideno) 2-3-dimetil-1-fenil-3-pirazolina-5-ona com ligando(s) polipiridilo(s) como co-ligando(s) que se ligam ao ADN CT por intercalação parcial nos pares de bases do ADN e estimulam a foto clivagem do ADN do plasmídeo pBR322 sob irradiação a 365 nm [87].

Os complexos metálicos de base de Schiff [88] derivados de aminoácidos têm propriedades essenciais para a compreensão de várias reacções bioquímicas *in vivo* [89]. Os aminoácidos estabelecem a construção das proteínas e são vitais para a realização de uma grande quantidade de funções biológicas, como demonstrado pelo papel desempenhado pelas enzimas [90-93]. *O O-ftalaldeído* desempenha um papel essencial no ensaio de aminoácidos, uma vez que os resíduos em numerosas enzimas e fluidos biológicos foram determinados utilizando *o O-ftalaldeído* [94]. É utilizado a nível clínico como o melhor desinfetante [95]. Atualmente, é dada grande atenção ao desenvolvimento de complexos de bases de schiff de cobre, uma vez que actuam como modelos para proteínas de cobre, onde está presente um conjunto diversificado de átomos dadores [96]. Os complexos de zinco que contêm pontes de carboxilato [97] são utilizados em biossistemas como fosfatases e amino peptidases e os complexos de cobalto para imitar as coenzimas de cobalamina (B12) [98].

Sakiyan *et al* sintetizaram os complexos de Mn(III) de base de schiff **(Figura 11)** obtidos a partir de aminoácidos e 2-hidroxi-1-naftaldeído. O comportamento de coordenação mostrou que a base de Schiff se liga através do conjunto de dadores de ONO derivados dos grupos carboxilo, imino e fenoxi dos ligandos [99].

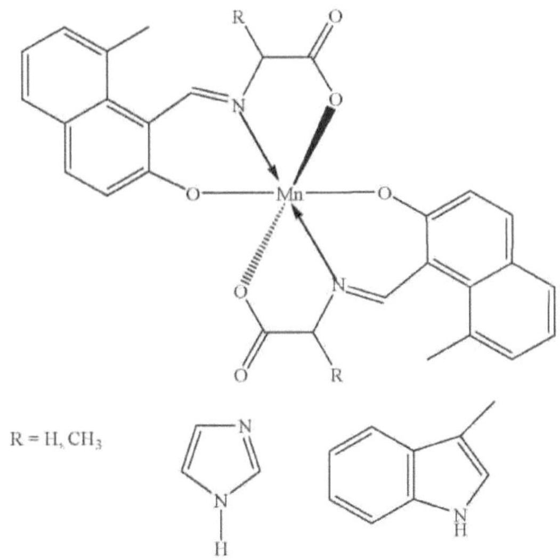

Figure 11

Boghaei *et al* sintetizaram uma sequência de novos complexos ternários de zinco (II) [Zn (L) (phen)] **(Figura 12)** onde phen = 1, 10-fenantrolina e L = ligandos obtidos a partir de aminoácidos e salicilaldeído-5-sulfonato de sódio e 3-metoxi-salicilaldeído-5-sulfonato de sódio. O ligando de base esquifática actua como uma porção ONO tridentada, coordenando-se com o metal através do oxigénio, do azoto, do oxigénio carboxílico e dos nitrogénios da 1,10-fenantrolina [100].

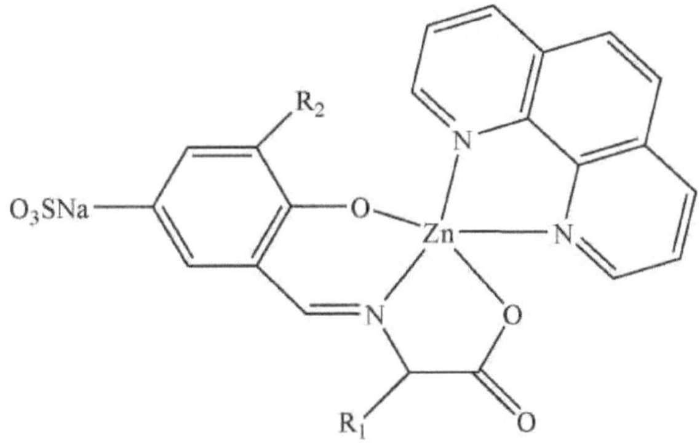

R_1= H, CH_2Ph, $CH(CH_3)_2$, CH_3, $CH_2CH(CH_3)_2$

R_2 = H, OCH_3

Figure 12

Dong e colaboradores conceberam e sintetizaram um complexo ternário de Cu(II) com uma base de Schiff obtida a partir de salicilaldeído e L-valina e i, i0-fenantrolina. As propriedades de ligação ao ADN do complexo foram estudadas por espetroscopia de UV-visível, fluorescência, dicroísmo circular e medições de desnaturação térmica [i0i].

Sharma *et al* relataram complexos de silício metálico de ligandos à base de aminoácidos **(Figura 13)** obtidos a partir da condensação de furfuraldeído e indol-3-carbaldeído com alanina, glicina, valina, isoleucina e triptofano e os compostos sintetizados foram caracterizados e testados para actividades antifúngicas [i02].

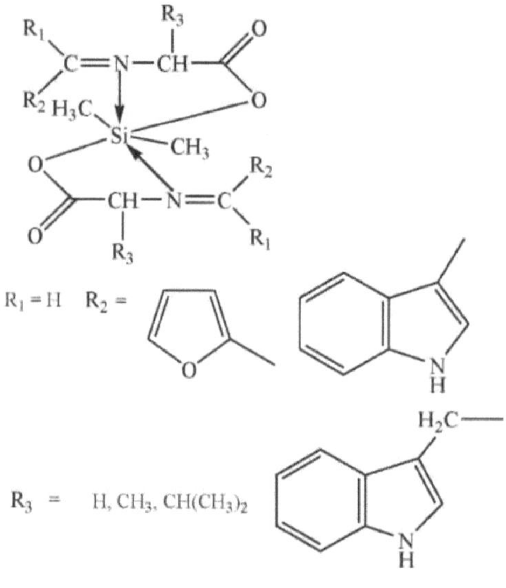

Figura 13 Complexos monoméricos de ligandos de base de Schiff de aminoácidos

Abdallah *et al.* apresentaram um novo ligando de base de Schiff **(Figura 14)** através da reação de *o* ftaldeído e 2-aminofenol e os seus complexos com vários iões metálicos, que foram analisados quanto a actividades antimicrobianas. Os compostos sintetizados inibiram o crescimento dos fungos testados a taxas diferentes. No entanto, os complexos metálicos de Mn (II) e Fe (II) foram testados quanto à atividade antibacteriana e exibiram um fraco crescimento de inibição contra *Esherichia coli* e *Staphylococcus aureus* [103].

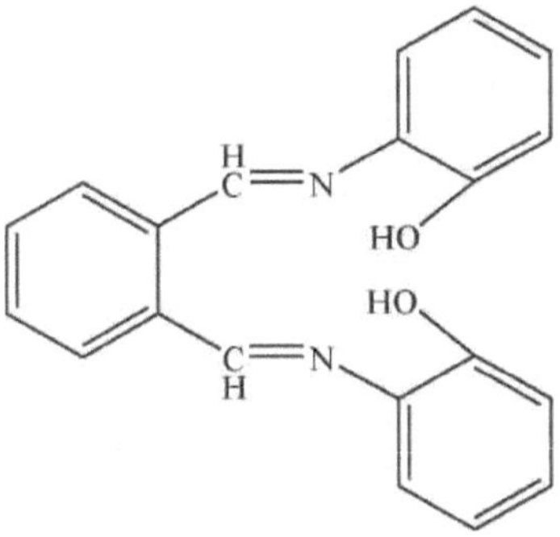

Figura 14

Sinha *et al.* apresentaram ligandos de base de Schiff heterocíclicos a partir das reacções de condensação do indol-3-carboxaldeído com diferentes L-aminoácidos e estudaram a sua radiografia, radiomarcação e atividade antimicrobiana [104].

1.4 Química Macrocíclica

O estudo da síntese de macrociclos passou por um desenvolvimento maravilhoso e a sua complexação com uma variedade de iões metálicos foi sistematicamente estudada [105]. Os ligandos macrocíclicos são ligandos polidentados com os seus átomos dadores incorporados ou ligados a uma espinha dorsal cíclica. Os compostos macrocíclicos têm despertado interesse devido às suas aplicações ilimitadas em vários domínios de investigação. Os compostos macrocíclicos são estáveis e formam diferentes compostos de natureza orgânica e inorgânica e, por reação com alguns substratos orgânicos e biológicos aniónicos e neutros, dão origem a compostos supramoleculares com propriedades e aplicações específicas [106]. Atualmente, foi investigado um grande número de macrociclos sintéticos, bem como muitos macrociclos naturais. O envolvimento de ligandos macrocíclicos e dos seus complexos metálicos numa série de processos biológicos essenciais está documentado há muito tempo. Têm desempenhado funções vitais no dia a dia, como a fotossíntese e o transporte de oxigénio, e motivaram os cientistas para o estudo aprofundado da química dos iões metálicos dos sistemas macrocíclicos [107]. Devido à sua cavidade central, os ligandos macrocíclicos têm sido utilizados como hospedeiros selectivos de uma vasta gama de moléculas e iões convidados, pelo que são utilizados como extractores selectivos de iões metálicos de transição e pós-transição numa série de estudos de extração com solventes e de transporte em membranas [108]. Os complexos macrocíclicos têm aplicações no domínio biomédico como agentes de contraste na imagiologia por ressonância magnética, reagentes de mudança de RMN e catalisadores para a clivagem do ARN [109-111]. Os ligandos macrocíclicos têm um carácter misto de dador macio-duro, um comportamento de coordenação polivalente e propriedades farmacológicas, pelo que têm recebido especial atração na investigação química [112-116]. A química macrocíclica tem aplicações noutras áreas, como a catálise de iões metálicos, a síntese orgânica, a discriminação de iões metálicos e a química supramolecular [117].

Baeyer sintetizou o primeiro macrociclo documentado com um anel heterocíclico de pirrolo [118] **(Figura 15)**, semelhante à porfirina, através de uma condensação catalisada por ácido entre pirrolo e acetona. O primeiro composto macrocíclico sintetizado a partir de um diácido foi o succinato dimérico de etileno [119], registado por Vorlander em 1894 **(Figura 16)**.

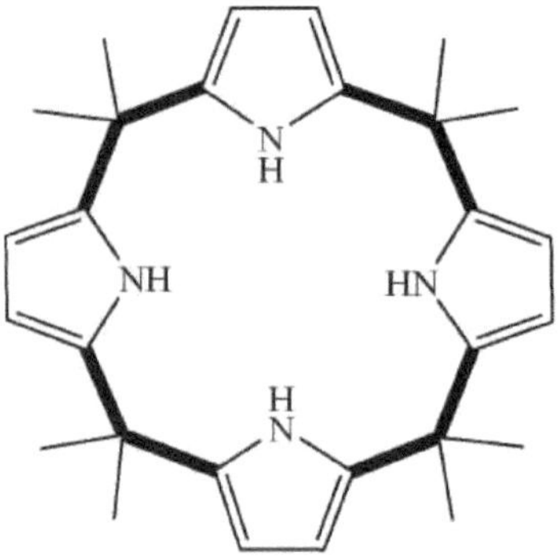

Figure 15

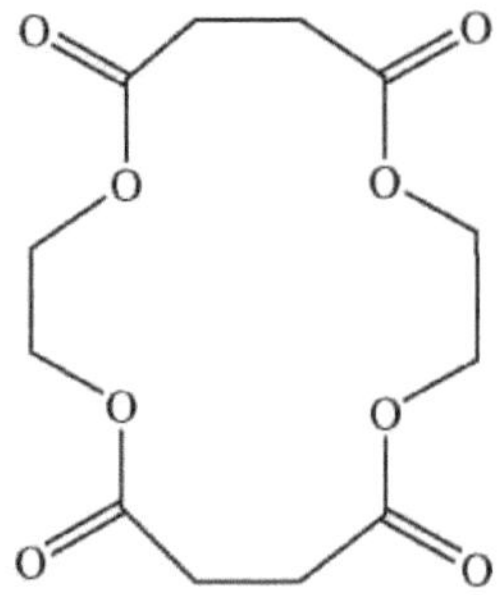

Figure 16

Os ligandos macrocíclicos têm duas propriedades incomparáveis: (a) a sua capacidade de diferenciar entre dois iões metálicos com base nos seus raios iónicos; (b) a importante melhoria na constante de estabilidade do complexo que é normalmente demonstrada pelos ligandos macrocíclicos em relação aos seus análogos de cadeia aberta (efeito macrocíclico) [120]. A síntese de complexos macrocíclicos é influenciada pelo tamanho da cavidade interna, pela rigidez dos macrociclos, pela natureza dos seus átomos dadores e pelas propriedades complexantes do anião envolvido na coordenação [121]. As aplicações demonstradas por estes compostos, que vão desde a modelação dos sítios activos de muitas metaloenzimas [122], ao alojamento e transporte de pequenas moléculas [123] ou à catálise [124], despertaram o interesse por este campo de estudo. Atualmente, o exame das propriedades de coordenação selectiva em novos sistemas é uma necessidade urgente [125].

Um dos melhores e mais eficazes métodos para o desenvolvimento de complexos macrocíclicos consiste numa metodologia *in-situ* em que o ião metálico na reação de ciclização aumenta consideravelmente o rendimento do produto cíclico. O ião metálico desempenha um papel importante na conclusão da reação e este efeito é conhecido como ***"efeito de modelo metálico"*** [126]. O ião metálico dirige a condensação favoravelmente para produtos cíclicos em vez de poliméricos. O ião metálico e o anião são importantes porque o equilíbrio entre o tamanho do catião e do anião controlará a dissociação do sal metálico no meio de reação [127].

A síntese de ligandos macrocíclicos multidentados pelo efeito de molde metálico foi documentada como oferecendo rendimentos mais elevados [128, 129]. O primeiro exemplo do desenvolvimento de um macrociclo utilizando esta técnica foi descrito [130] por Thompson e Busch **(Esquema 1.4).**

Esquema 1.4 síntese de um macrociclo por efeito de molde

Hoje em dia, a conceção de complexos macrocíclicos altamente selectivos e sensíveis aos iões metálicos tornou-se um importante ramo de investigação [131]. Embora tenham sido utilizadas várias estratégias para o desenvolvimento de complexos macrocíclicos, o método do modelo ganhou importância entre todos os que oferecem vias selectivas para os produtos que não estão disponíveis sem o ião metálico [132]. A capacidade dos iões metálicos para sintetizar ligandos macrocíclicos através do método do molde depende das caraterísticas do ligando e do metal [133]. Os iões metálicos ligam-se às moléculas, ou seja, aos sistemas ligandos com grupos de átomos dadores, e colocam-nos à sua volta para formar uma geometria específica. Os iões metálicos actuam como um modelo e orientam o sistema ligando para assumir a geometria apropriada através de uma via adequada [136].

Para além do método de síntese com modelo, foram feitos esforços significativos para desenvolver macrociclos sem iões metálicos a partir de vários compostos dicarbonílicos e diaminas [135, 136]. Os macrociclos obtidos pela reação de uma molécula de cada um dos compostos dicarbonílicos e diamínicos foram designados macrociclos [1+1] e os macrociclos obtidos pela reação de duas moléculas dos compostos dicarbonílicos com as duas moléculas da fração diamínica foram designados macrociclos [2+2], em resultado do número de unidades de cabeça e laterais presentes

[137, 138].

A tendência para o desenvolvimento de macrociclos "1+1" e "2+2" na condensação de modelos metálicos também depende dos seguintes factores:

- Não se pode formar um macrociclo "1+1" quando a diamina não tem comprimento de cadeia suficiente entre os dois grupos carbonilo [139].

- A condensação "2+2" é preferível à condensação "1+1", se o ião metálico tiver grandes raios iónicos [140].

- Natureza do ião metálico, como a carga, a polarizabilidade e a geometria do complexo.

- Conformação do quelato acíclico "1+1".

H. Khan mohammadi e colaboradores desenvolveram um complexo macrocíclico de base de Schiff heptaaza assimétrico de ião Mn(II) por ciclocondensação [1 + 1] de N,N,N',N'- tetraquis(2-aminoetil)propano-1,2-diamina com 2,6-diacetilpiridina [141]. **(Esquema 1.5)**

Esquema 1.5

Devido à crescente aplicabilidade dos compostos aza-macrocíclicos em biomimética, catálise, biologia e medicina, estes compostos têm sido objeto de grande atenção. Têm encontrado grande significado nas áreas em que são necessários complexos metálicos com estabilidades cinéticas e termodinâmicas interessantes para a libertação de metais, tais como técnicas como a imagiologia por ressonância magnética, imagiologia com radioisótopos e radioterapia [142]. Os ligandos azamacrocíclicos são também utilizados de forma dinâmica como agentes antimicrobianos e com outras propriedades biológicas [143-146].

Os ligandos macrocíclicos tetraaza e os seus complexos metálicos têm sido amplamente estudados e fascinam os químicos de coordenação [147]. A importância dos macrociclos tetraaza [14] ane N4 (**Figura 17**) e [12] ane N4 (**Figura 18**) foi reconhecida há vários anos e a sua química de complexação com uma grande variedade de iões metálicos foi investigada exaustivamente [148-151]. Sulekh Chandra *et al.* relataram a síntese e a caraterização de um grande número de complexos tetraazamacrocíclicos. As aplicações dos ligandos macrocíclicos tetraazásicos e dos seus complexos metálicos vão desde a eliminação de metais tóxicos de fluxos indesejados, radioterapia a agentes de contraste para imagiologia por ressonância magnética [152-154].

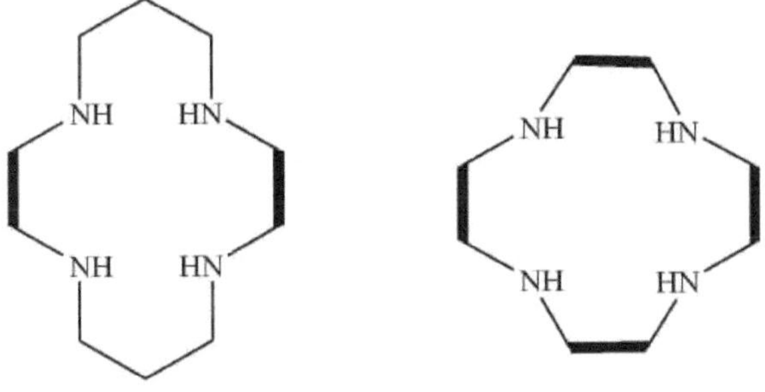

Figure 17   **Figure 18**

Os hexaazamacrociclos são compostos motivadores e polivalentes com capacidade para ligar um ou dois iões metálicos e podem também encapsular convidados aniónicos através de interações electrostáticas [155]. **(Figuras 19, 20 e 21)** Rothermel e colaboradores [156] sintetizaram hexaazamacrociclos (Figura 20), mostrando o papel do ião metálico na descrição da conformação do macrociclo [157]. Os hexaazamacrociclos, tal como referido por Martell *et al* [158], têm a capacidade de se ligarem a uma grande variedade de aniões, juntamente com halogenetos, nitratos e fosfatos, e até de quelarem aniões biológicos como carboxilatos e nucleótidos [159]. M. del C. Fernandez e colaboradores sintetizaram os complexos de nitrato e perclorato de Ni(II) com dois ligandos hexaazamacrocíclicos estereo-isoméricos [160]. **(Figura 22)**

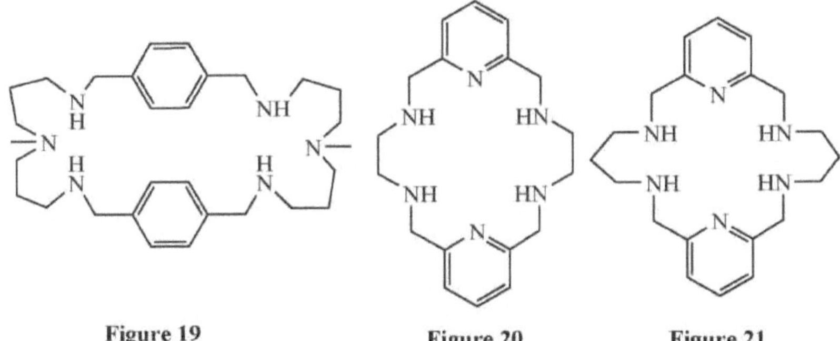

Figure 19   **Figure 20**   **Figure 21**

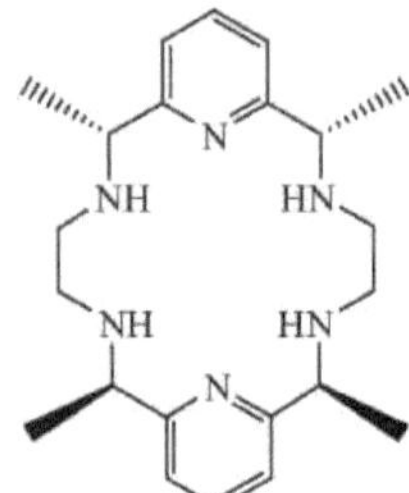

Figure 22

Os octaazamacrociclos, com a enorme cavidade formada pela espinha dorsal do macrociclo, formam complexos metálicos mono e di-nucleares e também apresentam propriedades de coordenação fascinantes. São capazes de estabilizar muitos aniões na sua forma hexaprotonada [161]. Os poliazamacrociclos apresentam caraterísticas excepcionais, nomeadamente a posição de ligação altamente sistematizada para a formação de complexos com catiões e moléculas hospedeiras [162]. Estão bem documentados os complexos poliazamacrociclo-metal como agentes de contraste MRI em química medicinal, mimetizadores de metaloenzimas e catalisadores, bem como sondas de fluorescência em biologia química [163,164]. As grandes moléculas poliazamacrocíclicas formam complexos metálicos estáveis, com vários iões metálicos, devido ao seu número de átomos de azoto doadores [165]. As capacidades de quelação dos macrociclos de poliazazonas são geralmente devidas ao tamanho do anel da molécula [166]. O efeito dos grupos funcionais na geometria e nas propriedades químicas dos macrociclos de poliazida foi investigado através da incorporação dos grupos funcionais nos macrociclos [167].

A química dos macrociclos binucleares emergiu como um campo interessante para os químicos da era atual devido à capacidade de manter dois iões de metais de transição nas proximidades. Estes compostos também foram concebidos precocemente devido à sua vasta gama de aplicações que vão desde a química bioinorgânica [168,169], a magnetoquímica [170], a química de coordenação [171, 172] até à catálise homogénea [173]. Os macrociclos que acomodam dois iões metálicos, devido ao seu grande tamanho de cavidade, podem ser utilizados para ligar o centro metálico a distâncias fixas com um grupo de ligação extra interno ou externo, o que confere rigidez ao sistema macrocíclico e também completa a estrutura da espécie binuclear, dando assim origem a compostos estruturalmente bem definidos [174]. Muitas metaloenzimas contêm dois iões de cobre no seu sítio ativo que operam cooperativamente [175]. Estes complexos binucleares de cobre têm uma importância extraordinária como novos recursos inorgânicos, conferindo inúmeras caraterísticas magnéticas com acoplamento antiferromagnético, dependendo do ângulo da ponte e do grau de distorção [176]. As proteínas que contêm di-cobre são de importância biológica, desempenhando várias funções importantes como o transporte de dioxigénio, a transferência de electrões, a redução de óxidos de azoto e a química hidrolítica [177]. Os complexos macrocíclicos binucleares podem ser utilizados como modelos para reconhecer as alterações de reatividade causadas pela proximidade de ambos os centros metálicos. Os complexos macrocíclicos binucleares com sítios de coordenação semelhantes e dissimilares são de grande importância, uma vez que são termodinamicamente estabilizados e cineticamente retardados no que respeita à dissociação do metal [178,179]. Foram seguidas três abordagens sintéticas principais para a conceção de complexos macrocíclicos binucleares: (i) síntese de grandes macrociclos ou macrociclos capazes de acomodar dois iões metálicos [180], (ii) síntese de bis macrociclos [181] e (iii) utilização de agentes quelantes para ligar duas unidades macrocíclicas [182]. Os iões metálicos podem cooperar diretamente através de forças electrostáticas ou indiretamente através de electrões no fundo do macrociclo. Foi descrita uma vasta gama de ligandos macrocíclicos binucleares com dois centros metálicos semelhantes e diferentes [183]. **(Figura 23 e 24)**

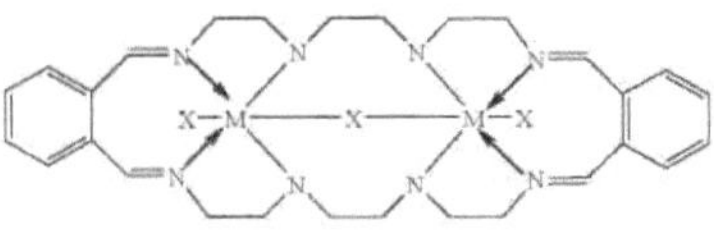

M = Co (II), Ni (II), Cu (II) and Zn (II),   X = Cl−, Br−, NO3− and NCS

X = Cl and Br

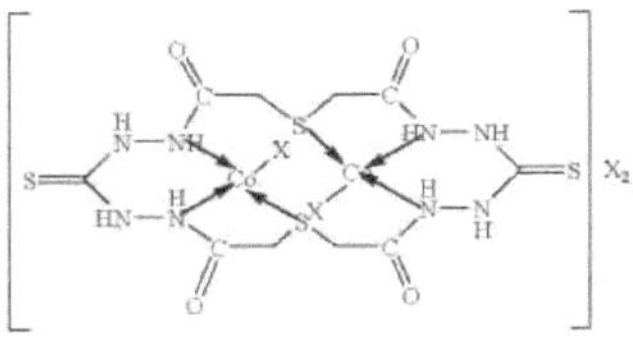

Figure 23   **Figure 24**

Os ligandos de poliaminas macrocíclicas com braços pendentes com grupos funcionais e os seus complexos metálicos têm sido uma área emergente de investigação [184-186]. Devido à presença destes grupos de braços pendentes, os grupos ligados oferecem grupos doadores adicionais que provocam a alteração da estrutura do macrociclo, como a estabilidade, a seletividade, a estereoquímica e os factores termodinâmicos [187]. Assim, as propriedades químicas de tais complexos são intensamente alteradas pela natureza e número de grupos funcionais [188]. Os grupos de ligação e os braços pendentes controlam a capacidade de ligação metálica do macrociclo, pelo que também podem ser concebidas outras estruturas substituindo os grupos nos átomos de carbono e azoto do anel [189]. Os compostos obtidos pela substituição no átomo de carbono não alteram a natureza dos grupos heteroatómicos dadores, enquanto os grupos ligados ao átomo de azoto produzem anéis quelatos de cinco ou seis números, mas ambas as funcionalizações oferecem vantagens e desempenham várias funções ao mesmo tempo. Um grupo de investigadores [190] investigou a conceção e a síntese de um ligando hexaazamacrocíclico de braço pendente **(Figura 25)** L com quatro grupos pendentes de etildioxolano e os seus complexos metálicos com vários iões metálicos de transição, pós-transição e lantanídeos.

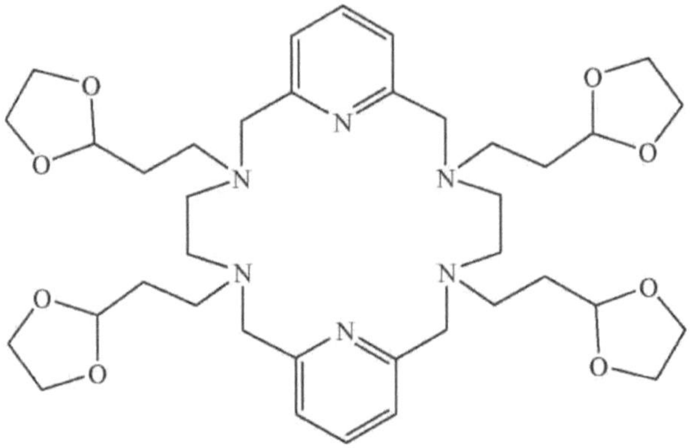

Figura 25

Farha e colaboradores relataram a síntese de um ligando hexaazamacrocíclico e dos seus complexos metálicos [191] com braço pendente por reação de 1, 2-fenilenodiamina e 1, 4-fenilenodiamina e formaldeído. **(Figura 26)** Também Hassan Keypour *et al* [192] sintetizaram três macrociclos de Mn^{2+} com dois braços pendentes de 2 piridilmetil pela condensação de 2, 6- diacetilpiridina com três aminas hexadentadas com ramificações alteradas.

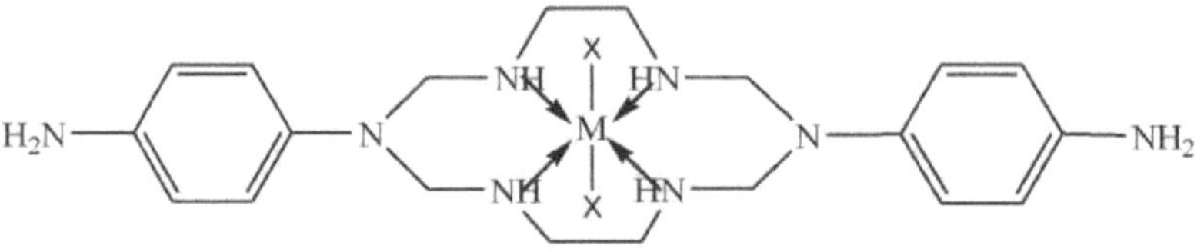

Metal = Co (II), Ni (II), Cu (II) and Zn (II),   X = Cl or NO_3

Figura 26

Os macrociclos com grupos aromáticos formam complexos de transferência de carga com várias moléculas convidadas e são utilizados para investigar a complexação de moléculas convidadas hospedeiras, a fim de fornecer novas considerações sobre a interação de ligação não covalente, principalmente a interação catiónica π, que inclui a estabilização de uma carga positiva pela face de um anel aromático [193]. Existem muitos macrociclos com grupos aromáticos [194, 195] com subunidades de 1, 8 diaminonaftaleno **(Figura 27)** e benzil **(Figura 28)** como parte central da espinha dorsal estrutural da estrutura macrocíclica.

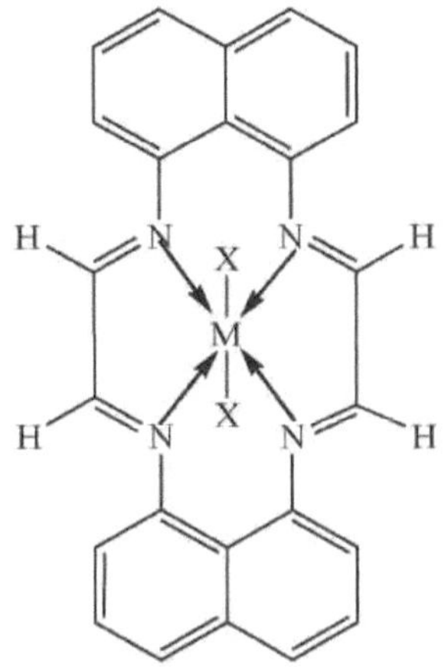

M = Co(II), Ni(II),Cu(II)and Zn(II)

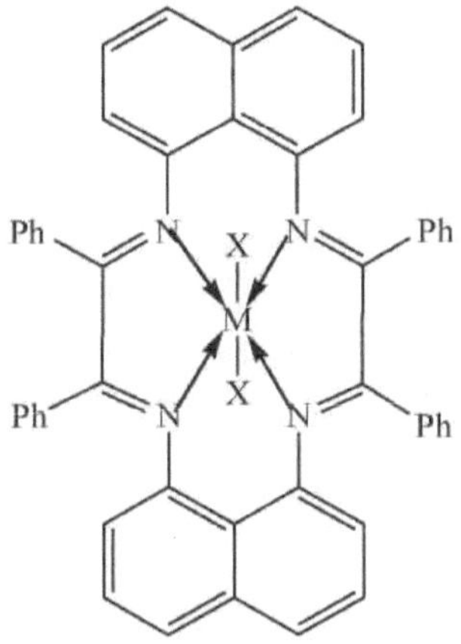

Where M = Co(II), Ni(II), Cu(II), Zn(II)

X = Cl, NO3, CH3COO

X = Cl or NO3

Figure 27

Figure 28

A breve introdução no domínio dos complexos metálicos macromoleculares, incluindo os complexos metálicos de base de schiff e os complexos metálicos macrocíclicos acima referidos, não enumera a cobertura completa. É um pouco impossível recapitular em poucas linhas e páginas o trabalho apresentado em milhares de publicações, artigos e revisões. Por conseguinte, apenas os trabalhos adequados e relacionados foram incluídos na parte introdutória desta tese de doutoramento. Tendo em conta o facto de a química de coordenação constituir a base de uma investigação extensiva devido às suas múltiplas aplicações, particularmente em áreas como a biologia, a catálise e a indústria. Por conseguinte, considerou-se que valia a pena desenvolver esta área de investigação concebendo e sintetizando alguns novos compostos contendo metais para explorar as suas caraterísticas estruturais e as suas potenciais aplicações biológicas.

1.5 Referências:

1.   F. C. Odds, A. J. Brown, N. A. Gow, *Trends Microbiol.* **2003**, 11 (6), 272.

2.   D. J. Sobel, L. Paul, J. Fidel, e J.A. Vazquez, *Clinical Microbiology Reviews*, **1999**, 12, 80.

3.   R. Prasad, Berlim: Springer-Verlag. **1991**, 267.

4.   A. K. Gupta e E. Thomas, Dermatol Clin. **2003**, 21(3), 565.

5.   N. Chami, F. Chami, S. Bennis, J. Trouillas, e A. Remmal, *The Braz. J. Infect Dis.* **2004**, 8 (3), 217.

6. K. Y. Choi, H. Y. Lee, B. Park, J. H. Kim, J. Kim, M. W. Kim, J. W. Ryu, M. Suh, H. *Polyhedron.* **2001,** 20, 2003.

7. R. D. Jones, D. A. Sammerville, F. Basolo. *Chem. Rev.* **1979**, 79, 139.

8. M. Wang, L. F. Wang, Y. Z. Li, Q. X. Li, Z. D. Xu, D. M. Qu. *Trans. Met. Chem.* **2001**, 26, 307.

9. C. J. Pedersen, Angew. Chem. **1988**, 100, 1053.

10. D. J. Cram, Angew. Chem. **1988**, 100, 1041.

11. J.-M. Lehn, Supramolecular Chemistry, Concepts and Perspectives, VCH, Weinheim, **1995**.

12. D. Philp, J. F. Stoddart, *Angew. Chem.* **1996**, 108, 1242.

13. B. J. B. Folmer, R. P. Sijbesma, R. M. Versteegen, J. A. J. van der Rijt, E. W. Meijer, *Adv. Mater.* **2000**, 12, 874.

14. Lehn, J.-M. *Science* **1993**, 260, 1762.

15. C. J. Pedersen, *Journal of the American Chemical Society* **1967**, 89, 7017.

16. C. J. Pedersen, H.K. Frensdorff, *Angew. Chem.*, Int. Ed. **1972** 11, 16.

17. Bailar, J. C. Chemistry of Coordination Compounds; Reinhold Publishing Company: New York, **1956.**

18. Dunn, T. M.; McLure, D. S.; Pearson, R., G. Some Aspects of Crystal Field Theory; Harper and Row: New York, **1965**.

19. F. Maggio, A. Pellerito, L. Pellerito, S. Grimaudo, C. mansueto, R. Vitturi, *Appl. Organomet. Chem* **1994**, 8, 71.

20. C. Dendrinou-Samara, L. Alevizopoulou, L. Iordanidis, E. Samaras, D. Kessissoglou, *J. Inorg. Biochem.* **2002**, 89, 89.

21. S. Chandra

22. L.K. Gupta, *Spectrochim Ata A,* **2005**, 62, 1089.

23. R. Ziessel, *Coord. Chem. Rev.* **2001**, 195, 216.

24. K. C. Gupta, A.K. Sutar, *Coord. Chem. Rev.,* **2008**, 252, 1420.

25. X. G. Ran, L. Y. Wang, Y. C. Lin, J. Hao, D. R. Cao, *Appl. Organometal. Chem.* **2010**, 24, 741.

26. J. Lewinski, J. Zachara, I. Justyniak, M. Dranka, *Coord. Chem. Rev.* **2005,** 249, 1185.

27. S. Chattopadhyay, P. Chakraborty, M. G. B. Drew, A. Ghosh, *Inorg. Chim. Ata* **2009**, 362, 502.

28. A. Datta, N. K. Karan, S. Mitra, G. Rosair, *Z. Naturforsch.* **2002**, *57b*, 999.

29. S. Adsule, V. Barve, D. Chen, F. Ahmed, Q.P. Dou, S. Padhye, F.H. Sarkar, *J. Med.Chem.* **2006**, 49, 7242.

30. B. S. Creaven, E. Czegledi, M. Devereux, E. A. Enyedy, A. Foltyn-Arfa Kia, D. Karcz, A. Kellett, S. McClean, N. V. Nagy, A. Noble, A. Rockenbauer, T. Szabo-Planka, M. Walsh, *J. Chem. Soc., Dalton Trans.* **2010**, *39*, 10854.

31. H. Schiff. *Annalen,* **1864**, 131, 118.

32. S. Kafka, T. Kappe, *Monatsh. Chem.* **1997,** 128, 1019.

33. J. S. Walia, L. Heindl, H. Lader, P. S. Walia, Chem. Ind., Londres, **1968**, 155.

34. B. R. Cho, C. Y. Oh, S. H. Lee, Y. J. Park, *J.Org. Chem.* **1996**, 61, 5656.

35. R. W. Layer, *Chem. Rev.* (Washington, DC, U.K.), **1963**, 63, 489.

36. R. J. Fessenden, J. S. Fessenden, Organic Chemistry, 6ª edição, Brooks/Cole Publishing Company, EUA **1998,** 563.

37. N. E. Borisova, M. D. Reshetova, Y. A. Ustynyuk, *Chem. Rev.* **2007**, 107, 46.

38. A. Streitwieser, C. H. Heathcock, E. M. Kosower, *Introdução à Química Orgânica,* 4ª ed., Prentice Hall, Nova Yersey, EUA, **1998.**

39. P. G. Cozzi, *Chem. Soc. Rev.* **2004**, 33, 410.

40. M. M. Ali, Rev. Inorg. Chem., **1996**, 16, 315.

41. P.V. Vigato, S. Tamburini. *Coord. Chem. Rev.* **2004**, 248, 1717.

42. R. Than, A. A. Feldmann, B. Krebs. *Coord. Chem. Rev.* **1999**, 182, 211.

43. B. Geeta, K. Shravankumar, P. M. Reddy, E. Ravikrishana, M.Sarangapani, K.Krishna Reddy, V. Ravinder, *Spectrochim. Ata. A* **2010**, 77, 911.

44. M. Calligaris, G. Nardin, L. Randaccio, *Coord. Chem. Rev.,* **1972**, 7, 385.

45. A. Ray, D. Sadhukhan, G.M. Georgina, M. Rosair, C.J. Gomez-Garcia, S. Mitra, *Polyhedron* **2009**, 28, 3542.

46. R. Vafazadeh, B. Khaledi, A. C. Willis, M. Namazian, *Polyhedron,* **2011,** 30,1815.

47. T. Katsuki, *Synt. let.,* **2003**, 281.

48. E. N. Jacobsen, *Accounts Chem. Res.*, **2000**, 33, 421.

49. S. Bhunia, S. Koner, *Polyhedron* **2011**, 30, 1857.

50. L. Li, Y-Q. Dang, H-W. Li, B. Wang, Y. Wu, *Tetrahedron Lett.* **2010**, 51, 618.

51. S. Liu, C. Bi, Y. Fan, Y. Zhao, P. Zhang, Q. Luo, D. Zhang, *Inorg. Chem.Commun.* **2011**, 14, 1297.

52. S. N. Wang, *Coord. Chem. Rev.* **2001**, 79, 215.

53. G. B. Cunningham, Y. T. Li, S. X. Liu, K. S. Schanze, *J.Phys.Chem.B* **2003**, 107, 12569.

54. F. M. Hwang, H. Y. Chen, P. S. Chen, C. S. Liu, Y.Chi, C. F. Shu, F. L.Wu, P. T. Chou, S. M. Peng, G. H. Lee, *Inorg.Chem* . **2005**, 44, 1344.

55. J. Li, P. I. Djurovuch, B. D. Alleyne, M. Yousufuddin, N. N. Ho, J. C. Thomas, J. C. Peters, R. Bau, M. E. Thompson, *Inorg. Chem.* **2005**, 44, 1713.

56. X. Liu, H. Xia, X. Fan , Q. Su , W. Gao , Y. Mu, *J. Phys. Chem. Solids*, **2009**, 70, 92.

57. C. R. Bhattacharjee , G. Das, P. Mondal, N. V. S. Rao *Polyhedron* **2010**, 29, 3089.

58. C. Zhang, Y. L. Song, X. Wang, *Coord. Chem. Rev.* **2007**, 251, 111

59. B. Laurie, E. A. Jonathan, *J. Org. Chem.* **2004**, 69, 1800.

60. M. Shiradkar, G. V. Suresh Kumar, V. Dasari, *Eur. J. Med. Chem.* **2007**, 42, 807.

61. A. J. Epstein, *Mater. Res. Soc. Bull.* **1997**, 22, 16.

62. G-D. Tang, J-Y. Zhao, R-Q. Li, Y. Cao, Z-C. Zhang, *Spectrochim. Ata A* **2011**, 78, 449.

63. J. Patole, D. Shingnapurkar, S. Padhye, C. Ratledge, *Bioorg. Med. Chem. Lett.* **2006**, 16, 1514.

64. V. T. Dao, M.K Dowd, M.T Martin, C Gaspard, M Mayer, R.J. Michelot, *Eur. J. Med Chem.* **2004**, 39, 619.

65. G. Puthilibai, S. Vasudevan, S. K. Rani, G. Rajagopal, *Spectrochim. Ata A* **2009**, 72, 796.

66. P. G. Avaji, C. H. V Kumar, S. A Patil, K. N. Shivananda, C. Nagaraju. *Eur. J. Med. Chem* **2009**, 44, 3552.

67. S. Hasnain, M. Zulfequar, N. Nishat, *J. Coord. Chem.* **2011**, 64, 952.

68. N. Raman, K. Pothiraj, T. Baskaran, *J. Mol. Struc.* **2011**, 1000,135.

69. G. Zuber, J. C. Quada, S. M. Hecht, *J. Am. Chem. Soc.* **1998**, 120, 9368.

70.   S. M. Hecht, *Nat. Prod.* **2000**, 63, 158.

71.   C. Metcalfe, J. A. Thomas, Chem. Soc. Rev. **2003**, 32, 215.

72.   S. Arturo, B. Giampaolo, R. Giuseppe, L. G. Maria, T. J. Salvatore, *Inorg. Biochem.* **2004**, 98, 589.

73.   H. Catherine, P. Marguerite, R. Michael, G. S. Heinz Stephanie, M. J. Bernard, *J. Biol. Inorg. Chem.* **2001**, 6, 14.

74.   K. E. Erkkila, D. T. Odom, J. K. Barton, *Chem. Rev.* **1999**, 99, 2777.

75.   C. V. Kumar, J. K. Barton, J. N. J. Turro, *J. Am. Chem. Soc.* **1985**, 107, 5518.

76.   H. Xu, K. C. Zheng, H. Deng, L. J. Lin, Q. L. Zhang, L.N. Ji, *J. Chem. Soc.,   Dalton. Trans.* **2003**, 2260.

77.   S. Mahadevan, M. Palaniandavar, *Inorg. Chim. Ata* **1997**, 254, 291.

78.   H. Xu, K. C. Zheng, H. Deng, L. J. Lin, Q. L. Zhang, L. N. Ji, *New. J. Chem.* **2003**,   27, 1255.

79.   A. Mozaar, S. Elham, S. Bijan, H. Leila, *New J. Chem.* **2004**, 28, 1227.

80.   E.M. Hodnett, W.J. Dunn, *J. Med. Chem.* **1970**, 13, 768.

81.   E.M. Hodnett, W.J. Dunn, *J. Med. Chem.* **1972**, 15, 339.

82.   J.R. Morrow, K. Kolasa, *Inorg. Chim. Ata* **1992**, 195, 245.

83.   G.J.D. Griffin, H. John, *J. Org. Chem.* **1996**, 35, 4837.

84.   R. Vijayalakshmi, M. Kanthimathi, V. Subramanian, B.U Nair. *Biochim Biophys. Ata,* **2000**, 157, 1475.

85.   R. Vijayalakshmi, M. Kanthimathi, R. Parthasarathi, B. U. Nair, *Bioorg. Med. Chem.* **2006**, *14*, 3300.

86.   Y. Kou, J. Tian, D. Li, W. Gu, X. Liu, S. Yan, D. Liao, P. Cheng. *J. Chem. Soc., Dalton. Trans.* **2009**, 2374.

87.   J. Wu, L.Yuan , J. Wu , *J. Inorg. Biochem.* **2005**, 99, 2211.

88.   N. Raman, A. Selvan*, J. Mol. Struct.* **2011**, 985, 173.

89.   N. M. Hosny, F. I. El-Dossoki, *J. Chem. Eng. Data* **2008**, 53, 2567.

90.   W. V. Williams, D. B. Williams, D. B. Weiner, *Chemical and Structural Approches to Rational Drug Desig,* Kluwer Academic Publishers, Londres **1995**.

91. K. H. Zimmermann, *An Introduction to protein Informatics*, Kluwer Academic Publishers, Londres **2003.**

92. J. Gao, Y. Guoa, J. Wang, Z. Wang, X. Jin, C. Cheng, Y. Li , K. Li, *Spectrochim. Ata A* **2011**, 78, 1278.

93. V. Valla, M. Bakola-Christianopoulou, *Synth. React. Inorg., Met.-Org., Nano- Met. Chem.* **2007**, 37, 507.

94. D. Point, W. Davis, C. Clay, J. Steven, M. B. Ellisor, R. S. Pugh, P. R. Becker, O. F. X. Donard, B. J. Porter, S. A. Wise, *Anal. Bioanal. Chem.* **2007**, 387, 2343.

95. N. C. V. Marbel, M. Stenberg, R. Oste, G. Markovarga, L. Gorton, H. Lingeman, U. A. Brinkman, *Theor. J. Chromatogr.* **2005**, 141, 6.

96. C. Lerones, A. Mariscal, M. Carnero, A.G. Rodriguez, J.F. Crehuet, *Clin. Microbiol. Infect.* **2004**, 11, 984

97. N. Goswami, D.M. Eichhorn, *Inorg. Chim. Ata* **2000**, 303, 271.

98. Z. L. You, H.L. Zhu,W.S. Liu, Z. *Anorg. Allg. Chem.* **2004**, 630, 1617.

99. Y. Zhang,W. Ruan, X. Zhao, H.Wang, Z. Zho, *Polyhedron* **2003**, 22, 1535.

100. I. Sakiyan, N. Gunduz, T. Gunduz, *Synth. React. Inorg. Met.-Org. Chem.* **2001**, 31, 1175.

101. D. M. Boghaei , M. Gharagozlou, *Spectrochim. Ata,* **2007**, 67, 944.

102. J. Dong, L. Li, G. Liu, T. Xu, D. Wang, *J. Mol. Struct.* **2011**, 986, 57.

103. M. Sharma, B. Khungar, S. Varshey, H. L. Singh, U. D. Tripaathi, A. K. Varshney, *Phosphorus Sulphur* **2001**,174, 239.

104. S. M. Abdallaha, G. G. Mohamed, M.A. Zayed, M. S.Abou El-Ela, *Spectrochim Ata A,* **2009**, 73, 833.

105. D. Sinha, A. K. Tiwari, S. Singh, G. Shukla, P. Mishra, H. Chandra, A. K. Mishra, *Eur. J. Med.Chem* **2008**, 43, 160.

106. S. Chandra e R. Kumar, *Spectrochim. Ata A,* **2009**, 66, 74.

107. L. T. Bozic, E. Marotta e P. Traldi, *Polyhedron,* **2007**, 26, 1663.

108. A. I. Hanafy, A. K. T. Maki, M. M. Mostafa, *Trans. Met. Chem.,* **2007**, 32, 960.

109. Y. Dong, S. Farquhar, K. Gloe, L. F. Lindoy, B. R. Rumbel, P. Turner e K. Wichmann, *J. Chem. Soc., Dalton Trans.,* **2003**, 1558.

110. F. Touti, A. K. Singh, P. Maurin, L. Canaple, O. Beuf, J. Samarut e J. Hasserodt, *J. Med. Chem.*, **2011**, 54, 4274.

111. A. D. Sherry, C. F. G. C. Geraldes, em: J.-C. G. Bunzli, G. R. Choppin (Eds.), *Lanthanide Probes in Life, Chemical and Earth Sciences*, chap. 4, Elsevier, Amesterdão, **1989**.

112. K. Nwe, C. M. Andolina e J. R. Morrow, *J. Am. Chem. Soc.*, **2008**, 130, 14861.

113. L. K. Gupta e S. Chandra, *Spectrochim. Ata A*, **2007**, 68, 839.

114. D. P. Singh, K. Kumar e C. Sharma, *Eur. J. Med. Chem.*, **2010**, 45, 1230.

115. H. A. El-Boraey, S. M. Emam, D. A. Tolan e A. M. El-Nahas, *Spectrochim. Ata A*, **2011**, 78, 360.

116. D. Du, Z. Jiang, C. Liu, A. M. Sakho, D. Zhu, L. Xu, *J. Organomet. Chem.*, **2011**, 696, 2549.

117. A. S. Girgis, *Euro. J. Med. Chem.*, **2008**, 43, 2116.

118. A. C. Raimondi, D. J. Evans, T. Hasegawa, S. M. Drechsel, F. S. Nunes, *Spectrochim. Ata A*, **2007**, 67, 145.

119. A. Baeyer, *Ber. Dtsch. Chem. Ges.*, 1886, 19, 2184.

120. D. Vorlander e Justus Liebigs, *Ann. Chem.*, **1894**, 280, 167.

121. S. Chandra e K. Gupta, *Trans. Met. Chem.*, **2002**, 27, 329.

122. G. Newkome, J. D. Sauer, J. M. Roper e D. C. Hager, *Chem. Rev.*, **1977**, 13, 513.

123. E. E. Lambert, B. Chabut, S. Chardon-Noblat, A. Deronzier, G. Chottard, A. Bousseksou, J.-P. Tuchagues, J. Laugier, M. Bardet e J.-M. Latour, *J. Amm. Chem. Soc.*, **1997**, 199, 9424.

124. N. N. Murthy, M. Mahroff-Taher e K. D. Harlin, *Inorg. Chem.*, **2001**, 40, 628.

125. P. P. Gamez, J. V. Harras, O. Roubeau, W. L. Driessen e J. Reedijk, *Inorg. Chim. Ata*, **2001**, 324. 27.

126. H. Keypour, M. Rezaeivala, L. Valancia e P. Perez-Lourido, *Polyhedron,* **2009**, 28, 4096.

127. L. F. Lindoy e D. H. Busch, *In Preparative Inorganic Reactions*; W. L. Jolly, Ed.; Wiley-Interscience: Nova Iorque, **1971**, 6, 1.

128. A. J. Rest, S. A. Smith e I. D. Tyler, *Inorg. Chem. Ata*, **1976**, 16, L1.

129. L. F. Lindoy, *The Chemistry of Macrocyclic Ligand Compounds*, Cambridge University Press, **1989**.

130. D. E. Fenton e P. A. Vigato, *Chem. Soc. Rev.*, **1988**, 17, 69.

131. M. C. Thompson e D. H. Busch, *J. Am. Chem. Soc.*, **1964**, 86, 3651.

132. E. Kimura e T. Koike, *J. Chem. Soc., Chem. Commun.* **1998**, 1495.

133. S. G. Kang, J. Song e J. H. Jeong, *Inorg. Chim. Ata*, **2004**, 357, 605.

134. H. Temel e S. Ilhan, *Spectrochim. Ata A*, **2008**, 69, 896.

135. L. Fabbrizzi, M. Licchelli, L. Mosca e A. Poggi, *Coord. Chem. Rev.*, **2010**, 254, 1628.

136. N. E. Borisova, M. D. Reshetova e Y. A. Ustynyuk, *Chem. Rev.*, **2007**, 107, 46.

137. K. Shanker, R. Rohini, V. Ravinder, P. M. Reddy e Y.-P. Ho, *Spectrochim. Ata A*, **2009**, 73, 205.

138. S. M. Nelson, C. V. Knox, M. McCann e M. G. B. Drew, *J. Am. Chem. Soc., Dalton Trans.*, **1981**, 1669.

139. Z. Chu, W. Huang, L. Wang e S. Gou, *Polyhedron*, **2008**, 27, 1079.

140. J. Cabral, M. F. Cabral, M. G. B. Drew, A. Rodgers e S. M. Nelson, *Inorg. Chim. Ata*, **1978**, 30, 1313.

141. M. G. B. Drew, A. Rodgers, M McCann e S. M. Nelson, *J. Chem. Soc.,Chem. Commun.*, **1978**, 415.

142. H. Khan mohammadi, S. Amani, M. H. Abnosi e H. R. Khavasi, *Spectrochim. Ata A*, **2010**, 77, 342.

143. J. Costamagna , G. Ferraudi , B. Matsuhiro, M. Campos-Vallette , J. Canales , M. Villagran J. Vargas e M. J. Aguirre, *Coord. Chem. Rev.*, **2000**, 196, 125.

144. A. Chaudhary, N. Bansal, A. Gajraj e R. V. Singh, *J. Inorg. Biochem*, **2003**, 96, 393.

145. G. A. Melson, *Coordination Chemistry of Macrocyclic Compounds*, Plenum Press, Nova Iorque, **1979**.

146. P. Schulfer, H. Oyanguren, V. Maturana, A. Valenzuela, E. Cruz, V. Plaza, E. Schmidt e R. Haddad, *Ind. Med. Surg.*, **1957**, 26, 167.

147. A. Bencini, A. Bianci, E. Garcia-Espana, M. Micheloni e J. A. Ramirez, *Coord. Chem. Rev.*, **1999**, 188, 97

148. L. K. Gupta e S. Chandra, *Spectrochim. Ata A*, **2006**, 65, 792.

149. S. J. Paisey e P. J. Sadler, *J. Chem. Soc., Chem. Commun.*, **2004**, 306.

150. E. Balogh, R. Tripier, R. Ruloff e E. Toth, *J. Chem. Soc., Dalton Trans.*, **2005**, 1058.

151. D. L. Grisenti, M. B. Smith, L. Fang, N. Bishop, P. S. Wagenknecht, *Inorg. Chim. Ata*, **2010**, 363, 157.

152. R. D. Hancock, A. E. Martell, *Chem. Rev.*, **1989**, 89, 1875.

153. M. Shokeen e C. Anderson, *Acc. Chem. Res.*, **2009**, 42, 832.

154. R. Delgado, V. Felix, L. M. P. Lima e D. W. Price, *J. Chem. Soc., Dalton Trans.*, **2007**, 2734

155. S. Rani, S. Kumar e S. Chandra, *Spectrochim. Ata A*, **2011**, 78, 1507.

156. A. Bianchi, E. Garcia-Espana e K. Bowman-James, Ed. *Supramolecular Chemistry of Anions*, Wiley-VCH, Nova Iorque, **1997**.

157. G. L. Rothermel, Jr., L. Miao, A. L. Hill e S. C. Jackels, *Inorg. Chem.*, **1992**, 31, 4854.

158. S. W. A. Bligh, N. Choi, E. G. Evagoras, W. Li e M. McPartlin, *J. Chem. Soc., Chem. Commun.*, **1994**, 2399.

159. D. Chen e A. E. Martell, *Tetrahedron*, **1991**, 47, 6895.

160. M. A. Saeed, J. J. Thompson, F. R. Fronczek e Md. A. Hossain, *Cryst. Eng. Comm*, **2010**, 12, 674.

161. M. del C. Fernandez-Fernandez, R. Bastida , A. Macias, P. Perez-Lourido e L. Valencia, *Polyhedron*, **2009**, 28, 2371.

162. C. Cruz, S. Carvalho, R. Delgado, M. G. B. Drew, V. Felix e B. J. Goodfellow, *J. Chem. Soc., Dalton Trans.*, **2003**, 3172.

163. L. Ai, J. Xiao, X. Shen e C. Zhang, *Tetrahedron Lett.*, **2006**, 47, 2371.

164. J. Gao, A. E. Martell e J. H. Reibenspies, *Inorg. Chim. Ata*, **2002**, 329, 122.

165. Z. Wang, A. E. Martell, R. J. Motekaitis e J. Reibenspies, *Inorg. Chim. Ata*, **2000**, 300, 378.

166. S. G. Kang, K. Ryu, S.K. Jung e J. H. Jeong, *Inorg. Chim. Ata*, **2001**, 317, 314.

167. S. Chandra e S. D. Sharma, *Trans. Met. Chem.*, **2002**, 27, 732.

168. S. J. Swamy e S. Pola, *Spectrochim. Ata A*, **2008**, 70, 929.

169. B. H. M. Mruthunjayaswamy, O. B. Ijare e Y. Jadegoud, *J. Braz. Chem. Soc.*, **2005**, 16, 783.

170. S. L. Jain, P. Bhattacharya, H. L. Milton, A. M. Z. Slawin, J. A. Crayston e J. D. Woollins, *J.*

Chem. Soc., Dalton Trans., **2004,** 862.

171. T. Chattopadhyay, K. S. Banu, A. Banerjee, J. Ribas, A. Majee, M. Nethaji e D. Das, *J. Mol. Struct.*, **2007**, 833, 13.

172. S. Sreedaran, K. S. Bharathi, A. K. Rahiman, R. Prabhu, R. Jagadesh, N. Raaman e V. Narayanan, *Trans. Met. Chem.*, **2009**, 34, 33.

173. J. Huang, Q.-D. Huang, J. Zang, L.-H. Zhou, Q.-L. Li, K. Li, N. Jiang, H.-H. Lin, J. Wu e X.-Q. Yu, *Int. Mol. Sci.*, **2007**, 8, 606.

174. S. O. Kang e M. Kim, *J. Am. Chem. Soc.*, **2003**, 125, 4684.

175. C. Lodeiro, R. Bastida, E. Bertola, A. Macias e A. Rodriquez, *Polyhedron*, **2003**, 22, 1701.

176. C. Gerdemann, C. Eichen e B. Krebs, *Acc. Chem. Res.*, **2002**, 35, 183.

177. K. K. Nanda, A. W. Addison, V. Paterson, E. Sinn, L. K. Thompson e U. Sakaguchi, *Inorg. Chem.*, **1998**, 37, 1028.

178. S. Torelli, C. Bella, I. G. Luneau, J. L. Pierre, E. S. Aman, J. M. Latour, L. Lepape e D. Luneau, *Inorg. Chem.*, **2000**, 39, 3526.

179. J. C. Byun, C. H. Han, D. S. Kim e K. M. Park, *Bull. Korean Chem. Soc.*, **2006**, 27, 435.

180. S. Anbu, M. Kandaswamy, P. S. Moorthy, M. Balasubramanian e M. N. Ponnuswamy, *Polyhedron*, **2009**, 28, 49.

181. B. Dietrich, M.W. Hosseini, J. M. Lehn e R. B. Session, *Helv. Chim. Ata*, **1983**, 66, 1262.

182. M. Ciampolini, L. Fabbrizzi, A. Perotti, A. Poggi, B. Seghi e F. Zanobini, *Inorg. Chem.*, **1987**, 26, 3527.

183. D. Cook e E. D. Mckenzie, *Inorg. Chem.*, **1978**, 31, 54.

184. I. Ivanovic-Burmazovic, M.R. Filipovic, *Inorg/Bioinorg. React. Mech.* **2012**, 64,53.

185. S. G. Kang, N. Kim e J. H. Jeong, *Inorg. Chim. Ata*, **2008**, 361, 349.

186. A. A. Khandar, S. A. Hosseini-Yazdi, M. Khatamian, P. McArdle e S. A. Zarei, *Polyhedron*, **2007**, 26, 33.

187. S. G. Kang, K. Nama e J. H. Jeong, *Inorg. Chim. Ata*, **2009**, 362, 1083.

188. M. del C. Fernandez-Fernandez, R. Bastida, A. Macias, P. Perez-Lourido e L. Valencia, *J. Organomet. Chem.*, **2009**, 694, 3608.

189. S. G. Kang, N. Kim e J. H. Jeong, *Inorg. Chim. Ata*, **2008**, 361, 439.

190. L. Botana, R. Bastida, A. Macias, P. Perez-Lourido e L. Valencia, *Inorg. Chem. Commun.*, **2009**, 12, 249.

191. C. Nunez, R. Bastida, A. Macias, A. Aldrey e L. Valencia, *Polyhedron*, 2010, 29, 126.

192. F. Firdaus, K. Fatma, M. Azam, S. N. Khan, A. U. Khan e M. Shakir, *Trans. Met. Chem.*, **2008**, 33, 467.

193. H. Keypour, A. A. Dehghani-Firouzabadi e H. R. Khavasi, *Trans. Met. Chem.*, **2011**, 36, 307.

194. A. Manjula e M. Nagarajan, *Arkivoc*, **2001**, 8, 165.

195. F. Firdaus, K. Fatma, M. Azam, S. N. Khan, A. U. Khan e M. Shakir, *Spectrochim. Ata A*, **2009**, 72, 591.

196. D. P. Singh, K. Kumar, S. S. Dhiman e J. Sharma, *J Enz. Inhib. Med. Chem.*, **2008**, 1.

Capítulo 2

Síntese, caraterização espetral e avaliação antimicrobiana de complexos macrocíclicos de bases de Schiff de Cu(II), Co(II) e Ni(II).

2.1 Introdução

Atualmente, o envolvimento de compostos macrocíclicos na interpretação de processos moleculares tem despertado o interesse dos químicos bioinorgânicos. O grande papel desempenhado por estes complexos metálicos macrocíclicos em vários sistemas biológicos aumentou o interesse de investigadores de diversos domínios de investigação [1, 2]. Foram identificados vários compostos macrocíclicos importantes que apresentam actividades como antimicrobiana [3-7], antidiabética [8], antitumoral [9], antiproliferativa [10], anticancerígena [11], herbicida [12] e anti-inflamatória [4, 5]. Os ligandos de base de Schiff têm um carácter importante de rigidez e coordenação, o que aumentou a sua atração pela investigação. [13]. Há várias caraterísticas que têm desempenhado um papel significativo na avaliação da natureza de ligação destes ligandos de bases de Schiff macrocíclicos aos iões metálicos, como a rigidez do ligando e os tipos de átomos dadores. A capacidade dos ligandos de bases de Schiff para se ligarem a vários iões metálicos confere-lhes um espaço na química de coordenação e são utilizados como agentes quelantes no domínio da química de coordenação [14, 15], catalisadores e anticorrosivos na indústria e em ciências biológicas para várias funções [16, 17]. Existe um grande número de complexos metálicos macrocíclicos que demonstraram um interesse biológico crescente e são utilizados como modelos de sucesso para compostos biológicos [18]. O vasto campo de investigação dos complexos metálicos macrocíclicos ganhou importância em vários domínios interdisciplinares, incluindo a magnetoquímica e a química bioinorgânica [19-21]. Os complexos metálicos macrocíclicos têm sido utilizados como material de partida na síntese de vários produtos que são utilizados nos domínios industriais [22]. Além disso, um ligando macrocíclico é considerado um ligando poderoso devido ao seu comportamento de coordenação com uma vasta gama de iões metálicos [23]. É um facto evidente que o átomo de azoto é o elemento-chave responsável pela coordenação dos iões metálicos nas metalobiomoléculas [7].

As doenças antimicrobianas tornaram-se uma ameaça mesmo no século atual, sendo o seu diagnóstico ainda muito problemático. Durante o último século, foram descobertos vários tipos de medicamentos antibacterianos e antifúngicos [24-26]. Atualmente, são utilizados como agentes antimicrobianos os medicamentos antibacterianos à base de sulfa, nitrofuranos, penicilinas, cefalosporinas, tetraciclinas e oxaolidina e agentes antifúngicos como o fluconazol, o cetoconazol e a anfotericina B [2730]. Há ainda vários problemas por resolver relativamente aos vários agentes antimicrobianos existentes até à data. As infecções fúngicas não se limitam apenas aos tecidos superficiais, sendo também registadas a um nível de risco de vida [31]. A principal razão para este nível grave pode dever-se ao grande número de doentes em risco, incluindo os de idade progressiva, cirurgia de grande porte, terapia imunossupressora, síndrome da imunodeficiência adquirida (SIDA), tratamento do cancro e transplante de células estaminais hematopoiéticas e de órgãos sólidos [32]. O desenvolvimento de fármacos antimicrobianos mais eficazes é uma necessidade urgente e os complexos metálicos macrocíclicos são também conhecidos por actuarem como agentes antimicrobianos promissores [33, 34].

A química macrocíclica tornou-se uma área interessante da investigação atual devido ao aumento da atividade dos fármacos macrocíclicos antimicrobianos de base metálica [35, 36]. Uma revisão dos trabalhos mostra que nenhum trabalho foi efectuado para a síntese de complexos metálicos macrocíclicos resultantes da 1, 4-dicarbonil-fenil-dihidrazida com 1, 2-difeniletano-1, 2-diona. As capacidades de coordenação das bases de Schiff macrocíclicas chamaram a nossa atenção e provocaram-nos na interpretação da estrutura dos complexos de Cu (II), Co (II) e Ni (II) de ligandos macrocíclicos.

2.2 Síntese da 1, 4-dicarbonil-fenil-di-hidrazida

Ao éster etílico do ácido tereftálico (2,2 g) em 30 ml de etanol foi adicionado hidrato de hidrazina (98% 2 ml) em etanol. A mistura reacional foi mantida em refluxo durante 4-5 horas e deixada arrefecer à temperatura ambiente, sendo finalmente vertida em água gelada. A di-hidrazida de ácido tereftálico obtida foi filtrada e recristalizada a partir de metanol.

2.3 Síntese do ligando macrocíclico

Adicionou-se 1,2-difeniletano-1,2-diona (0,42g, 2mmol) em etanol (25mL) a uma solução de 1,4-dicarbonil-fenil-dihidrazida (0,39g, 2mmol) em etanol (30mL) contendo algumas gotas de HCl concentrado. A mistura reacional foi refluxada durante 4 h e deixada arrefecer à temperatura ambiente, sendo finalmente vertida em água gelada para obter um produto sólido que foi filtrado, lavado com etanol e seco sob vácuo.

2.4 Síntese dos complexos de Cu(II), Co(II) e Ni(II)

Os complexos de Cu(II), Co(II) e Ni(II) foram sintetizados pelo método comum. A uma solução de 1 mmol dos sais metálicos M(Cl)₂ apropriados em 10 ml de etanol foi lentamente adicionada, sob agitação, uma solução de 1 mmol de ligando macrocíclico (L) em 10 ml de etanol e o conteúdo da reação foi refluxado durante 2 h. O precipitado obtido foi filtrado, lavado com etanol e seco num exsicador com cloreto de cálcio, com um rendimento de 68-75%

2.5 Resultados e discussão

2.6 Espectros de IV

Os espectros de infravermelhos do ligando macrocíclico e dos seus complexos metálicos foram obtidos num aparelho Perkin-Elmer Série 2000 na gama 4000-200 cm^{-1}. O espetro de infravermelhos do ligando macrocíclico mostra uma banda de absorção de intensidade média a 3200-3440 cm^{-1} que é atribuída à vibração de estiramento υ(N-H). A banda com intensidade elevada a 1610-1625 cm^{-1} é atribuída à vibração u(C=N). Mais uma banda forte a 1700-1720 cm^{-1} é uma vibração υ(C=O). A presença de bandas na gama ~3010-3050 cm^{-1} pode ser atribuída a vibrações de estiramento u(C- H) da parte aromática [37]. As muitas outras bandas de absorção na gama ~1430-1595 cm^{-1} podem ser atribuídas a vibrações de estiramento aromático u(C=C) da fração aromática [38]. Nos espectros de infravermelho distante, as bandas na região 420-445cm^{-1} correspondem à vibração υ(M-N) [39, 40] e identificam a coordenação do azoto azometínico [41]. A banda presente no intervalo 300-325 cm^{-1} corresponde à vibração u(M-Cl) [40]. Os dados do espetro de infravermelhos do ligando macrocíclico e dos seus complexos são apresentados na **Tabela 2.1 Tabela 2.1 Dados do espetro de IV dos complexos de Cu (II), Co (II) e Ni (II)**.

Compounds	υ(N–H)	υ(C=N)	υ(C=O)	υ(M–N)
C$_{44}$H$_{32}$N$_8$O$_4$(L)	3340	1615	1720	-
[Cu(C$_{44}$H$_{32}$N$_8$O$_4$)Cl$_2$]	3235	1610	1710	425
[Co(C$_{44}$H$_{32}$N$_8$O$_4$Cl$_2$]	3232	1620	1715	430
[Ni(C$_{44}$H$_{32}$N$_8$O$_4$)Cl$_2$]	3235	1613	1700	445

2.6.2 Espectros de massa

Os espectros de massa ESI dos compostos sintetizados foram registados como se mostra na **Tabela 2.2**. Os picos correspondentes aos iões moleculares (M$^+$) são descritos como se segue: (1) m/z = 737 C44H32N8O4 (L), (2) m/z = 872 [Cu(C44H32N8O4) Cl2] (3) m/z = 818,13 [Co(C44H32N8O4Cl2] (4) m/z = 867,12 [Ni(C44H32N8O4) Cl2]. Esta informação está em boa conformidade com as fórmulas moleculares e estruturas propostas para os complexos metálicos macromoleculares. Existem vários outros picos nos espectros que são devidos à clivagem térmica dos complexos atribuídos a vários fragmentos da molécula dissociada.

Tabela 2.2 Dados do espetro de massa dos complexos metálicos macrocíclicos

Complexes	Mol. wt.	Molecular ion peak $[M]^+$
$C_{44}H_{32}N_8O_4(L)$	736.78	$[M]^+ = 737.25$
$[Cu(C_{44}H_{32}N_8O_4)Cl_2]$	871.23	$[M]^+ = 872$
$[Co(C_{44}H_{32}N_8O_4)Cl_2]$	866.62	$[M]^+ = 818.13$
$[Ni(C_{44}H_{32}N_8O_4)Cl_2]$	866.38	$[M]^+ = 867.12$

2.6.3 ^{1}H NMR

A espetroscopia de RMN tem sido evidenciada como uma ferramenta importante para determinar o ambiente protónico e, consequentemente, a estrutura do sistema ligando e dos seus complexos metálicos. Os espectros^1 H NMR do ligando macrocíclico (L) foram registados em solução de clorofórmio utilizando tetrametilsilano como padrão interno. Os espectros de RMN de^1 H do ligando mostram um sinal largo a 9,2-10,0 ppm devido ao -NH [42]. Os multipletos na região 7,01-8,0 ppm podem ser atribuídos ao protão aromático [43, 44].

2.6.4 Medições magnéticas e estudos de espectros electrónicos

O espetro eletrónico do complexo de Cu(II) em DMSO apresenta uma banda larga centrada a 15.290 cm^{-1} (654 nm), que pode ser atribuída a transições^2 Eg$\rightarrow^2$ T2g numa geometria octaédrica [45, 46]. **(Tabela 2.3; Figura 2.1)** A banda registada a 30.030 cm^{-1} é proposta para LMCT. O momento magnético (2,1 B.M.) do complexo de cobre está na gama estimada para complexos monoméricos de Cu(II). O espetro eletrónico do complexo de Co(II) em DMSO mostra duas bandas a 18382 cm^{-1} (544 nm) e 13642 cm^{-1} (733 nm) atribuídas às transições^4 T1g(F)$\rightarrow^4$ A2g(F) e^4 T1g(F)$\rightarrow^4$ T1g(P), respetivamente. **(Figura 2.2)** O valor do momento magnético (4,9 B.M.) mostra a presença de uma geometria octaédrica em torno do ião Co(II) [47] **(Tabela 2.4)**. O espetro eletrónico do complexo de Ni(II) em DMSO mostra três bandas a 20283 cm^{-1} (493 nm), 16556 cm^{-1} (604 nm) e 13927 cm^{-1} (718 nm) atribuídas a^3 A2g (F) $\rightarrow^3$ T1g (P) , ^{3}A2g (F) $\rightarrow^3$ T1g (F) ,^{3} A2g (F) $\rightarrow^3$ T2g (F) transições, respetivamente, numa geometria octaédrica em torno do ião Ni(II) [47]. **(Figura 2.3)** O espetro mostra também uma banda a 33.000 cm^{-1} atribuída à transferência de carga L$\rightarrow$M. O valor do momento magnético reportado na gama de 3,2 B.M suporta uma geometria octaédrica [48] em torno do ião Ni(II).

Todos os compostos sintetizados apresentaram resultados satisfatórios de análise elementar, como mostra a **Tabela 2.4.** As caracterizações analíticas e espectrais mostram a fórmula dos complexos macrocíclicos como [M($C_{44}H_{32}N_8O_4$) X_2] onde M = Cu(II), Co(II), Ni(II) e X= Cl$^-$.

Tabela 2.3 Bandas de absorção espetral do ligando e dos seus complexos metálicos.

Compound	Band position (cm^{-1})	Assignment	Geometry
[Cu(C$_{44}$H$_{32}$N$_8$O$_4$)Cl$_2$]	15290 (654 nm)	$^2E_g \rightarrow {}^2T_{2g}$	Octahedral
[Co(C$_{44}$H$_{32}$N$_8$O$_4$Cl$_2$]	18382 (544 nm)	$^4T_{1g}(F) \rightarrow {}^4A_{2g}(F)$	Octahedral
	13642 (733 nm)	$^4T_{1g}(F) \rightarrow {}^4T_{1g}(P)$	
[Ni(C$_{44}$H$_{32}$N$_8$O$_4$)Cl$_2$]	20283 (493 nm)	$^3A_{2g}(F) \rightarrow {}^3T_{1g}(P)$	Octahedral[47]
	16556 (604 nm)	$^3A_{2g}(F) \rightarrow {}^3T_{1g}(F)$	
	13927 (718 nm)	$^3A_{2g}(F) \rightarrow {}^3T_{2g}(F)$	

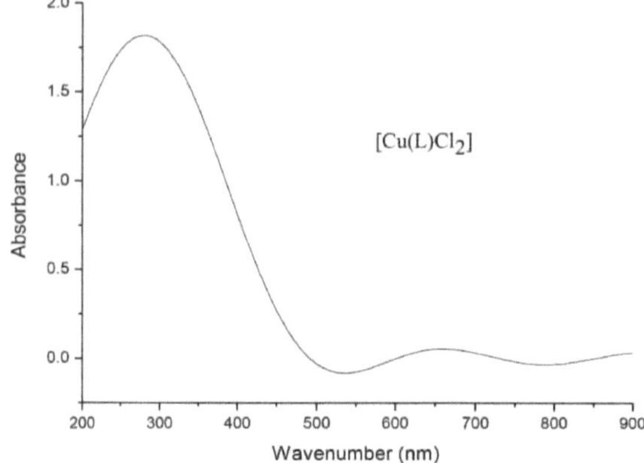

Figura 2.1 Espectros electrónicos de [Cu(C44H32N8O4)Cl2]

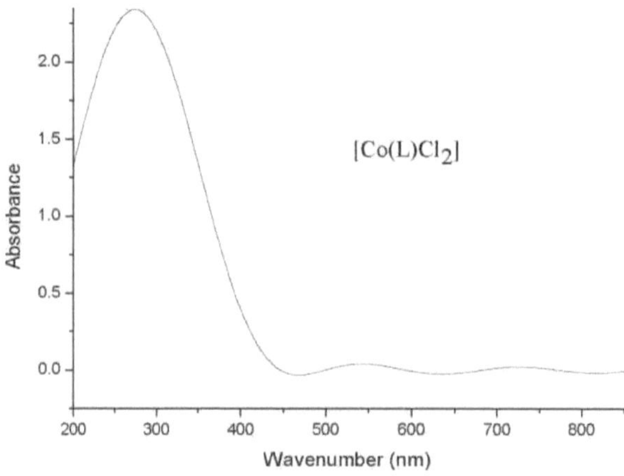

Figura 2.2 Espectros electrónicos de [Co(C44H32N8O4Cl2

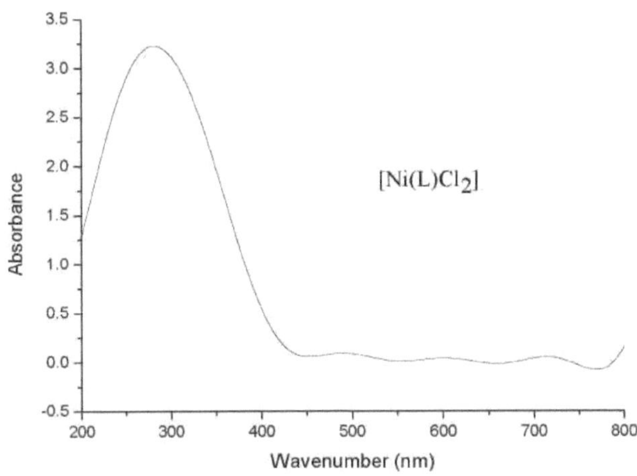

Figura 2.3 Espectros electrónicos de [Ni($C_{44}H_{32}N_8O_4$)Cl2]

Tabela 2.4 Dados analíticos do ligando macrocíclico e dos seus complexos metálicos.

Compounds	Mol. wt.	C	H	N	O	M	μ_{eff} (BM)
$C_{44}H_{32}N_8O_4$ (L)	736.78	71.73 (71.69)	4.38 (4.32)	15.21 (15.17)	8.69 (8.64)	-	-
[Cu($C_{44}H_{32}N_8O_4$)Cl₂]	871.23	60.66 (60.61)	3.70 (3.65)	12.86 (12.81)	7.35 (7.30)	7.29 (7.24)	2.1
[Co($C_{44}H_{32}N_8O_4$Cl₂]	866.62	60.98 (60.92)	3.72 (3.67)	12.93 (12.89)	7.38 (7.32)	6.80 (6.74)	4.9
[Ni($C_{44}H_{32}N_8O_4$)Cl₂]	866.38	61.00 (61.00)	3.72 (3.68)	12.93 (12.89)	7.39 (7.34)	6.77 (6.72	3.2

2.3.5 Difração de pó por raios X

A difração de raios X é uma técnica instrumental essencial que é utilizada para detetar materiais cristalinos. A difractometria de raios X é um método versátil por ser não destrutivo, não contrastado, muito sensível e rápido. Embora as composições quantitativas dos compostos não sejam obtidas a partir desta técnica, ela é principalmente utilizada para a determinação das dimensões e da forma da célula unitária e da estrutura detalhada da molécula.

Os difractogramas de raios X indicam a cristalinidade dos compostos. Os compostos estudados apresentam difractogramas de boa qualidade e todos os picos foram identificados para os valores de h, k, l utilizando métodos descritos na literatura. A equação de Braggs nλ=2dsinθ foi utilizada para obter os valores de d. Os valores de h, k e l e os parâmetros da célula foram utilizados para calcular os valores de sin 2θ para cada pico. As constantes de rede a, b e c para cada célula unitária foram determinadas e são apresentadas na **Figura 2.4** e na **Figura 2.5**. Com base nas investigações de difração de raios X, verificou-se que os complexos macrocíclicos de cobalto e níquel são de natureza cristalina com sistemas cristalinos tetragonal e ortorrômbico, respetivamente. Todos os picos coincidem com o software JCPDF.

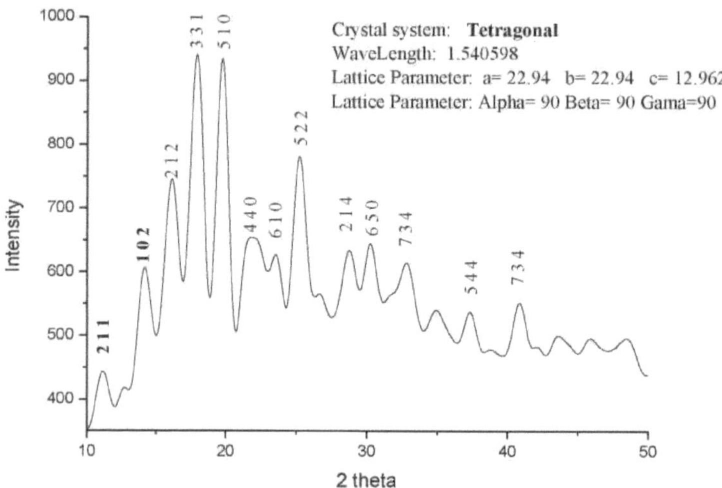

Figura 2.4 Dados de difração de raios X de [Co(C H N$_{443284}$ OCl]$_2$

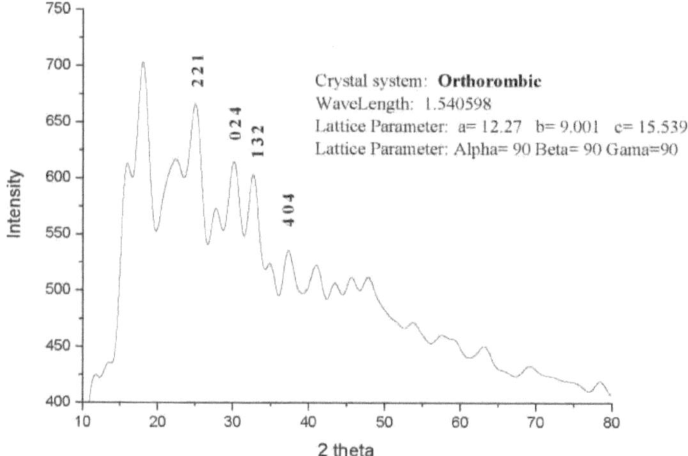

Figura 2.5 Dados de difração de raios X de [Ni(C H N$_{443284}$ O)Cl]$_2$

2.4 . Aplicações biológicas

2.4.1. Atividade antibacteriana

A atividade antibacteriana do ligando sintetizado e dos seus complexos metálicos foi testada contra algumas estirpes bacterianas como *E. faecalis*, *S. aureus*, *P. florescens* e *E. coli* pelo método de difusão em poço. A droga estreptomicina foi utilizada como padrão para comparação da atividade. Os tamanhos da zona de inibição (**Figura 2.6**) foram calculados para obter a suscetibilidade dos compostos e são apresentados na **Tabela 2.5**. Os dados obtidos mostraram que todos os complexos metálicos apresentam uma atividade proeminente em comparação com o ligando. O [Cu(C$_{44}$H$_{32}$N$_8$O$_4$)Cl$_2$] e o [Ni(C$_{44}$H$_{32}$N$_8$O$_4$)Cl$_2$] mostraram uma atividade moderada em relação às estirpes bacterianas, ao passo que o [Co(C$_{44}$H$_{32}$N$_8$O$_4$Cl$_2$] apresenta uma atividade mais proeminente em relação a *E. faecalis* e *S. aureus* do que os outros complexos metálicos. As diferenças na atividade antibacteriana demonstrada pelos compostos contra vários microrganismos dependem das diferenças nos ribossomas da célula do microrganismo ou da impermeabilidade da parede celular. [49]. O processo de quelação diminui a polaridade do ião metálico e a deslocalização de electrões no complexo aumenta o carácter hidrofóbico do complexo quelato metálico, facilitando assim a permeabilidade do composto através da camada lipídica dos microrganismos. Além disso, a formação de uma ligação de hidrogénio pelo átomo de azoto da imina com os componentes activos da célula interrompe o processo celular [50]. Por último, o fator importante para controlar a atividade antibacteriana vai para o crédito da lipofilicidade dos compostos [51].

Tabela 2.5 Atividade antibacteriana do ligando macrocíclico e dos seus complexos metálicos.

Antibacterial activity [Zone of inhibition (mm)]				
Compound	*E. faecalis*	*S. aureus*	*P. fluorescens*	*E. coli*
C$_{44}$H$_{32}$N$_8$O$_4$(L)	4	3	4	2
[Cu(C$_{44}$H$_{32}$N$_8$O$_4$)Cl$_2$]	2	2	2	3
[Co(C$_{44}$H$_{32}$N$_8$O$_4$Cl$_2$]	6	7	2	3
[Ni(C$_{44}$H$_{32}$N$_8$O$_4$)Cl$_2$]	4	3	3	6
Streptomycin	15	16	18	14

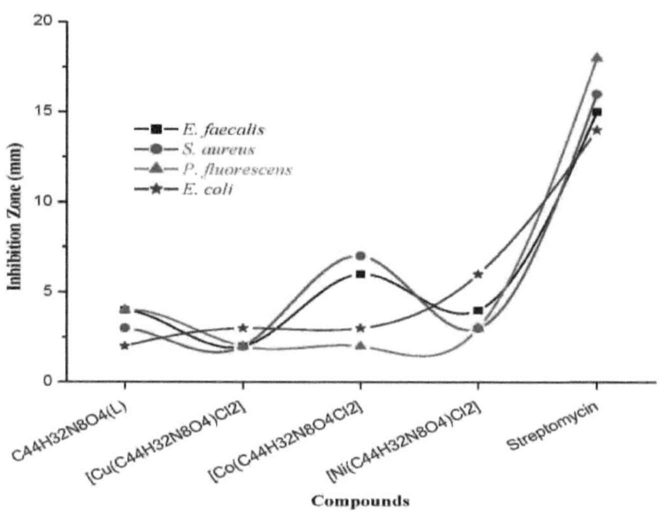

Figura 2.6 Actividades antibacterianas do ligando macrocíclico e dos seus complexos metálicos.

2.4.2. Atividade antifúngica

Os compostos sintetizados, juntamente com o ligando, foram testados para estudos antifúngicos em *C. albicans, Fusarium sp. e Trichosporon sp.* pelo método de difusão em poço. As actividades dos compostos foram verificadas através da medição da zona de inibição e são apresentadas na **Tabela 2.6**.

Para a comparação dos resultados, utilizou-se a anfotericina B como padrão. A partir dos resultados obtidos, concluiu-se que todos os complexos apresentam uma atividade proeminente contra a estirpe fúngica *Candida albicans*, exceto [Co(C44H32N8O4Cl2], que não é muito ativo contra esta estirpe, mas estes complexos apresentaram uma atividade inferior à da anfotericina B utilizada como padrão. O complexo [Ni(C44H32N8O4)Cl2] é mais eficaz contra *C. albicans, Fusarium sp. e Trichosporon sp.* enquanto que o ligando não é muito eficaz contra as estirpes testadas. A partir dos resultados, verificou-se que a natureza do ião metálico presente no complexo controla a atividade fúngica (**Figura 2.7**).

Tabela 2.6 Atividade antifúngica do ligando macrocíclico e dos seus complexos metálicos

Antifungal activity [Zone of inhibition (mm)]			
Compound	*Candida albicans*	*Fusarium sp*	*Trichosporon sp.*
$C_{44}H_{32}N_8O_4$ (L)	2	1	2
$[Cu(C_{44}H_{32}N_8O_4)Cl_2]$	2	1	1
$[Co(C_{44}H_{32}N_8O_4)Cl_2]$	1	2	1
$[Ni(C_{44}H_{32}N_8O_4)Cl_2]$	2	2	1
Amphotericin B	5	6	3

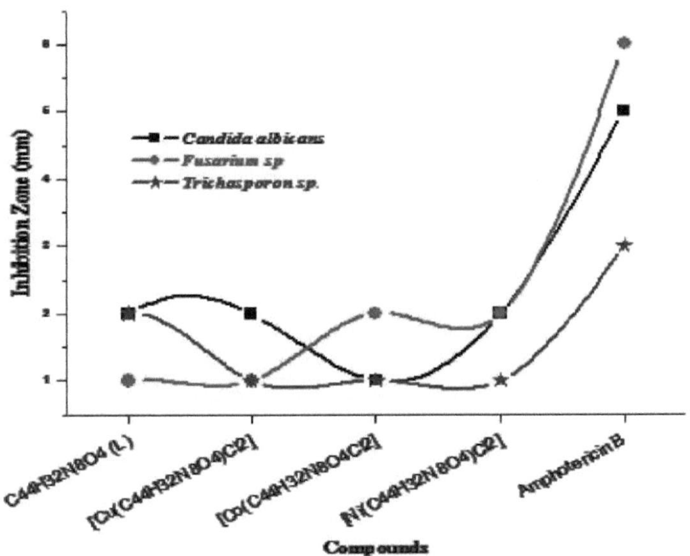

Figura 2.7 Actividades antifúngicas do ligando macrocíclico e dos seus complexos metálicos.

2.4.3. Atividade antioxidante

Os compostos sintetizados foram testados quanto à atividade antioxidante utilizando o radical DPPH. O espetrofotómetro foi utilizado para determinar a capacidade de eliminação do radical DPPH. O DPPH (0,004%) foi preparado utilizando o solvente metanol e 1 ml desta solução foi misturado com 2 ml de solução de composto. A reação foi mantida no escuro durante 30 minutos e a redução do DPPH foi monitorizada através da observação da diminuição da absorvância utilizando o espetrofotómetro UV-Vis. A inibição foi calculada utilizando a fórmula:

$$\text{Percent inhibition} = \frac{A_{control} - A_{sample}}{A_{control}} \times 100$$

Em que $_{Acontroi}$ = absorvância do DPPIΓ em metanol sem um antioxidante, $_{Asampie}$ = absorvância do DPPIH na presença de um antioxidante.

Os dados da atividade antioxidante dos compostos sintetizados como percentagem de inibição são apresentados na **Tabela 2.7**. A capacidade de eliminação do radical DPPI foi utilizada para a determinação da atividade antioxidante dos compostos. Após a redução do radical DPPI, a cor muda de púrpura para amarelo, o que foi observado pela diminuição da absorvância no comprimento de onda de 517 nm. A partir dos dados experimentais, observou-se que os complexos metálicos apresentam uma maior atividade antioxidante em comparação com o ligando livre. Entre todos os complexos metálicos, [Co($_{C44I32N8O4Cl2}$] e [Ni($_{C44I32N8O4}$)$_{Cl2}$] mostraram uma atividade antioxidante extra. Os valores implicam que a atividade dos compostos segue a ordem [Co($_{C44I32N8O4Cl2}$]> [Ni($_{C44I32N8O4}$)$_{Cl2}$]   >[Cu($_{C44I32N8O4}$)$_{Cl2}$] > $_{C44I32N8O4}$ (L)

(Figura 2.8)

Tabela 2.7 Atividade antioxidante dos complexos metálicos macrocíclicos

Compound	Antioxidant activity (%)
$C_{44}H_{32}N_8O_4$ (L)	25.8
[Cu($C_{44}H_{32}N_8O_4$)Cl$_2$]	30.4
[Co($C_{44}H_{32}N_8O_4$Cl$_2$]	42.3
[Ni($C_{44}H_{32}N_8O_4$)Cl$_2$]	37.2

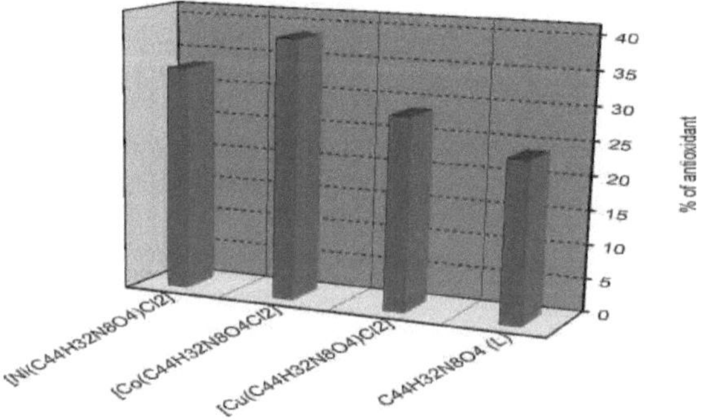

Figura 2.8 Actividades antioxidantes do ligando macrocíclico e dos seus complexos metálicos.

2.5 Referências

1. D.H. Busch, *Science,* **1971**,171, 241.

2. K.A. Campbell, E. Yikilmaz, C.V. Grant, W. Gregor, A.F. Miller, R.D. Britt, *J. Am. Chem. Soc.,* **1999**, 121, 4714.

3. P.G. More, R.B. Bhalvankar, S.C. Pattar, *J. Indian Chem. Soc.,* **2001**, 78, 474.

4. M.A. Baseer, V.D. Jadhav, R.M. Phule, Y.V. Archana, Y.B. Vibhute, *Orient. J. Chem.,* **2000**, 16, 553.

5. W.M. Singh, B.C. Dash, *Pesticides,* **1988**, 22, 33.

6. G. Kumar, D. Kumar, S. Devi, R. Johari, C.P. Singh, *Eur. J. Med. Chem.,* **2010**, 45, 3056.

7. G.B. Bagihalli, P.G. Avaji, S.A. Patil, P.S. Badami, *Eur. J. Med. Chem.,* **2008**, 43 2639.

8. J. Vanco, J. Marek, Z. Travnicek, E. Racanska, J. Muselik, O. Svajlenova, *J. Inorg. Biochem,* **2008**, 102, 595.

9. S.A. Galal, K.H. Hegab, A.S. Kassab, M.L. Rodriguez, S.M. Kervin, A.M.A. El- Khamry, H.I. El Diwani, *Eur. J. Med. Chem.,* **2009**, 44, 1500.

10. N.A. Illan-Cabeza, F. Hueso-Urena, M.N. Moreno-Carretero, J.M. Martinez-Martos, M.J. Ramirez-Exposito, *J. Inorg. Biochem.,* **2008**, 102, 647.

11. S.B. Desai, P.B. Desai, K.R. Desai, Heterocycl. Commun., **2001**, 7, 83.

12. S. Samadhiya, A. Halve, *Orient. J. Chem.,* **2001**, 17, 119.

13. Monika Tyagi, Sulekh Chandra e Sunil Kumar Choudhary, *Journal of Chemical and Pharmaceutical Research,* **2011**, 3, 56.

14. Katrin R. Grünwald, Gerald Saischek, Manuel Volpe, Ferdinand Belaj, Nadia C. Mosch- Zanetti, *Eur. J. of Inorg. Chem.,* **2010**, 15, 2297.

15. Y. Scibuya, K. Nabari, M. Kondo, S. Yasue, K. Maeda, F. Uchida, H. Kawaguchi, *Chem. Lett.,* **2008**, 37, 78.

16. Nihal Deligonul e Mehmet Tume, *Transition Metal Chemistry,* **2006**, 31, 920.

17. Asha Budakoti, Mohammad Abid, Amir Azam, *Eur. J. of Med. Chem.,* 2006, 41, 63.

18. Hüseyin Ünvera, Zeliha Hayvali, *Spectrochimica Ata Part A.,* **2010**, 75, 782.

19. P. Guerriero, S. Tamburini, P.A. Vigato, *Inorganica Chimica Ata,* **1993**, 213, 279.

20. Hisashi O kawa, Hideki Furutachi, David E. Fenton, *Coordination Chemistry Reviews,* **1998**,

174, 51.

21. L. Canali, D.C. Sherrington, *Chem. Soc. Rev.,* **1999**, 28, 85.

22. S. Allah, A.M. Abid, *Phosphorus, Sulphur Silicon Relat. Elem.,* **2011**, 70, 75.

23. T.P. Yoon, E.N. Jacobsen, *Science,* **2003**, 299, 1691.

24. P.C. Appelbaum, P. A. Hunter, *Int. J. Antimicrob. Agents,* **2000,** 16, 5.

25. S. J. Brickner, D. K. Hutchinson, M. R. Barbachyn, P. R. Manninem, D. A. Wanowicz, S. A. Garmon, K.C. Grega, S. K. Hendges, D. S. Topps, C. W. Ford, G.E. Zurenko, *J. Med. Chem.,* **1996,** 39, 673.

26. V. T. Andriole, J. Remington, M. Swartz, M.A. Malden, *em Current Clinical Topics in Infectious Diseases*; Eds.; *Blackwell Sciences,* **1998,** 18, 19.

27. W. L. Current, J. Tang, C. Boylan, P. Watson, D. Zechkner, W. Turner, M. Rodriguez, C. Dixon, D. Ma, J. A. Radding, G. K. Dixon, L. G. Copping, D. W. Hollomon, *In Antifungal Agents: Discovery and Mode*; Eds.; BIOS: Oxford, **1995,** 143.

28. V. Snaz-Nebot, I. Valls, D. Barbero, J. Barbosa, *Ata Chem. Scand. A.,* **1997,** 51, 896.

29. J. A. Vazquez, V. Sanchez, C. Dmuchowski, L. M. Dembry, J.D. Sobel, M. J. Zervos, *J. Infect. Dis.,* **1993,** 168, 165.

30. V. Fanos, L. J. Cataldi, *Chemother,* **2000,** 12, 463.

31. S. Sundriyal, R. K. Sharma, R. Jain, *Curr Med Chem.* **2006,** 13, 1321.

32. M. Nucci, K. A. Marr, *Clin Infect Dis.,* **2005,** 41, **521.**

33. C.V. B. Martins, D. L. da Silva, A. T. M. Neres, T.F.F. Magalhaes, G.A. Watanabe, L. V. Modolo, *J. Antimicrob. Chemother.* **2009,** 63, 337.

34. C.V. B. Martins, M. A. de Resende, DL. da Silva, T. F. F. Magalhaes, L.V. Modolo, R. A. Pilli, *J. Appl. Microbiol.,* **2009,** 107, 1279.

35. A. Scozzafava, C.T. Supuran, J. Med. Chem., **2000,** 43, 3677.

36. S.A. Rice, M. Givskov, P. Steinberg, S. Kjelleberg, J. Mol. Microbiol. Biotechnol, **1999,** 1, 23.

37. D.P. Singh, R. Kumar, V. Malik, P. Tyagi, *Transit. Met. Chem.,* **2007,** 32, 1051.

38. R.N. Prasad, M. Mathur, A. Upadhayay, *J. Indian Chem. Soc.,* **2007,** 84, 1202.

39. M. Shakir, K.S. Islam, A.K. Mohamed, M. Shagufa, S.S. Hasan, *Transit. Met. Chem.,* **1999,** 24, 577.

40. S. Chandra, R. Kumar, Transit. Met. Chem., **2004**, 29, 269.

41. V.B. Rana, D.P. Singh, P. Singh, M.P. Teotia, *Transit. Met. Chem.*, **1982**, 7, 174.

42. M.S. Gunthkal, T.R. Goudal, S.A. Patil, *Orient. J. Chem.*, **2000**, 16, 151.

43. M. Shakir, P. Chingsubam, H.T.N. Chishti, Y. Azim, N. Begum, *Indian J. Chem,* **2004**, 43A, 556.

44. M.S. Niasari, M. Bazarganipour, M.R. Ganjali, P. Norouzi, *Transit. Met. Chem.*, **2007**, 32, 9.

45. H. Liu, H. Wang, F. Gao, D. Niu, Z. Lu. *J. Coord. Chem.*, 2007, 60, 2671.

46. B.N. Figgis e J. Lewis, *Progr. Inorg. Chem.*, **1964**, 6, 37.

47. A.B.P. Lever, *Inorganic Electronic Spectroscopy*, Elsevier, Amesterdão, **1986**.

48. F.A. Cotton, G. Wilkinson, *Advanced Inorganic Chemistry*. (A Comprehensive Text), 4ª ed., John Wiley, Nova Iorque, **1980.**

49. S.K. Sengupta, O.P. Pandey, B.K. Srivastava, V.K. Sharma, *Trans. Met. Chem.*, 1998, 23, 349.

50. N. Dharmaraj, P. Viswanathamurthy, K. Natarajan, *Trans. Met. Chem.*, **2001**, 26, 105.

51. Kumar, D. Kumar, C.P. Singh, A. Kumar, V.B. Rana, *J. Serb. Chem. Soc.*, **2010**, 75, 629.

52. A. Teplyakov, G. Obmolova, B. Badet, M.A. Badet-Denisot, *J. Mol. Biol.*, **2001** 313, 1093.

53. S. L Bearne, C. Blouin, *J. Biol. Chem.*, **2000**, 275, 135. (doi: 10.1074/jbc.275.1.135)

Capítulo 3

Estudos de atividade biológica em complexos metálicos de ligandos de bases de Schiff macrocíclicas. Síntese e caraterização espectroscópica.

3.1 Introdução

Os compostos macrocíclicos têm atraído cada vez mais atenção devido à sua natureza doadora de substâncias duras, à sua caraterística de coordenação flexível e à compreensão dos processos moleculares. A área de investigação dos complexos metálicos macrocíclicos é muito vasta devido às suas excelentes aplicações em vários domínios interdisciplinares, desde a indústria à química bioinorgânica [1-5]. Atualmente, foi identificado um grande número de sistemas macrocíclicos que apresentam actividades biológicas, incluindo actividades antimicrobianas, [6-15] antidiabéticas, [16] antitumorais, [17-19] antiproliferativas, [20, 21] anticancerígenas, [20, 21] herbicidas, [22] e anti-inflamatórias [12, 13]. Uma vez que os sistemas macrocíclicos têm a capacidade de formar um vasto número de complexos com vários iões metálicos, estes são utilizados como os melhores catalisadores a nível industrial. [23-27]. Os macrociclos sintéticos estão a desenvolver um conjunto de compostos com uma química caprichosa, ao contrário das topologias moleculares e das colecções de átomos dadores.

Os complexos de metais de transição de ligandos macrocíclicos sintéticos têm recebido grande atenção devido ao seu mimetismo com os sistemas biológicos mais intrincados: metaloporfirinas (hemoglobina, clorofila, mioglobina e citocromo), antibióticos (valinomicina, nonactina) e corrinas (vitamina B-12). Estes estudos expuseram-nos ao desenvolvimento da química supramolecular e à sua enorme diversidade [28-32]. A ligação dos iões metálicos aos sistemas macrocíclicos depende de vários factores que desempenham um papel importante, como o tamanho da cavidade do macrociclo, o número de átomos doadores e a estereoquímica [33, 34]. Os azamacrociclos e as bases de Schiff macrocíclicas são considerados os melhores hospedeiros para os iões metálicos e outros aniões e ambos foram muito estudados durante as últimas décadas. Nos últimos tempos, os ligandos polimacrocíclicos alcançaram uma posição que lhes permite produzir sistemas macromoleculares multidentados para se ligarem a iões metálicos [35]. Os ligandos macrocíclicos são sistemas ligandos amplamente estudados devido à sua notável versatilidade, à sua importância crescente em áreas interdisciplinares, incluindo a química bioinorgânica, a catálise e a magnetoquímica, desempenhando assim um papel essencial no progresso da química de coordenação [36, 37]. As bases de Schiff são um conjunto vital de compostos no domínio terapêutico. As rotas sintéticas dos ligandos macrocíclicos de bases de Schiff utilizam o método do modelo para orientar os conjuntos reagentes na conformação preferida antes do fecho do anel [38]. Considera-se que os macrociclos com grupos aromáticos produzem complexos de transferência de carga com um grande número de moléculas hóspedes. Foram estudadas diferentes complexações hóspede-hospedeiro através destes macrociclos, que fornecem uma ideia de interações não covalentes, principalmente π, que envolvem o equilíbrio de uma carga positiva pela presença de um grupo aromático [39, 40].

Uma investigação da literatura mostra que não foi feito qualquer esforço para sintetizar complexos metálicos macrocíclicos de 1, 4-dicarbonil-fenil-dihidrazida e pentano-2, 4-diona. As capacidades de coordenação destas bases de Schiff macrocíclicas despertaram o nosso interesse para sintetizar e elucidar a estrutura dos complexos macrocíclicos de Co(II), Cu(II) e Ni(II). Este capítulo define o modo de coordenação do ligando macrocíclico de base de Schiff derivado da condensação da 1, 4-dicarbonil-fenil-dihidrazida com o pentano-2, 4-diona em relação a alguns elementos de transição. Para este efeito, foram estudados os complexos de iões Co(II), Cu(II) e Ni(II) com o ligando e a estrutura dos complexos foi interpretada utilizando técnicas sofisticadas como IR, [1] H NMR, ESI-MS, análises elementares, momento magnético, condutância molar e análise térmica. Para além das técnicas acima mencionadas, os estudos biológicos dos complexos preparados foram analisados contra algumas estirpes microbianas para avaliar as actividades antibacteriana e antifúngica.

3.2 Síntese do ligando macrocíclico

O pentano-2, 4-diona (0,40g, 4mmol) em etanol (20 ml) foi misturado com a solução de 1,4-dicarbonil-fenil-dihidrazida (0,77g, 4mmol) em etanol (20 mL), adicionando algumas gotas de HCl. O conteúdo da reação foi refluxado durante 4 h e deixado arrefecer à temperatura ambiente. O produto sólido foi obtido após a remoção do solvente, que foi então lavado com etanol e seco num exsicador.

3.3 Síntese dos complexos de Co(II), Cu(II) e Ni(II)

Foi utilizado um método comum para a síntese de complexos de Co(II), Cu(II) e Ni(II) a partir do ligando macrocíclico. O sal metálico e o ligando macrocíclico foram reagidos numa proporção de 1:1 em etanol e a mistura foi refluxada durante 2 h. O produto foi obtido como precipitado e foi filtrado, lavado e seco num exsicador, com um rendimento de 62-65%

3.4 Resultados e discussões

A reação entre a porção diona e os grupos amino da 1, 4-dicarbonil-fenil-dihidrazida resultou na síntese de um ligando macrocíclico. Os complexos metálicos macrocíclicos são não higroscópicos, solúveis em DMF, DMSO e moderadamente solúveis em etanol e metanol.

3.4.1 Condutância molar

A condutância molar dos complexos metálicos sintetizados foi medida à temperatura ambiente, dissolvendo os compostos em DMF (10^{-3} mol dm^{-3}). Os dados de condutância apresentados na

Tabela 3.1 mostram que todos os complexos são de natureza não electrolítica [41, 42].

Tabela 3.1 Dados analíticos dos complexos de Cu(II), Co(II) e Ni(II).

Complexes	C	H	N	O	M	μ_{eff} (BM)	Molar conductivity (Ω^{-1} cm^2 mol^{-1})
$C_{26}H_{28}N_8O_4$ (L)	60.45 (60.39)	5.46 (5.40)	21.69 (21.60)	12.39 (12.30)	-	-	-
$[Cu(C_{26}H_{28}N_8O_4)Cl_2]$	47.97 (47.91)	4.34 (4.29)	17.21 (17.17)	9.83 (9.78)	9.76 (9.71)	1.94	2.4
$[Co(C_{26}H_{28}N_8O_4)Cl_2]$	48.31 (48.28)	4.37 (4.32)	17.34 (17.31)	9.90 (9.84)	9.12 (9.04)	4.95	3.8
$[Ni(C_{26}H_{28}N_8O_4)Cl_2]$	48.33 (48.31)	4.37 (4.32)	17.34 (17.31)	9.90 (9.84)	9.08 (9.04)	3.1	6.3

3.4.2 Espectros de IV

Os espectros de IV do ligando e de alguns dos seus complexos metálicos foram obtidos num aparelho Perkin-Elmer Series 2000 na gama 4000-200 cm^{-1} . O pico observado a 1690 cm^{-1} no pentano-2,4-diona é atribuído ao grupo (>C=O). A 1,4-dicarbonil-fenil-di-hidrazida apresenta bandas fortes a 3432 cm^{-1} correspondentes à frequência de estiramento -NH2. No ligando de base de schiff macrocíclico estas absorções (picos) estão ausentes, a banda >C=N da imina aparece como uma banda forte a 1625 cm^{-1} [43] e o grupo >C=O a 1710 cm^{-1} confirma a formação do ligando macrocíclico. Nos espectros de infravermelhos dos complexos metálicos, a banda forte a 1625 cm^{-1} é deslocada para números de frequência mais baixos em 15-5 cm^{-1} , levando à confirmação da coordenação através dos grupos imino (>C=N) para o átomo metálico nos complexos. Nos espectros de infravermelhos dos compostos, a banda NH é observada a 3340-3330 cm^{-1} . Tal como nos espectros dos complexos, a ocorrência de novas bandas na região 460-420 cm^{-1} foi atribuída a ligações M-N, respetivamente [44]. A partir das investigações do espetro de IV, é evidente que o ligando macrocíclico actua como um ligando tetradentado nos complexos de Co(II), Cu(II) e Ni(II), ligando-se através de átomos de azoto imino (>C=N). As bandas espectrais de IV do ligando macrocíclico e dos seus complexos metálicos estão resumidas na **Tabela 3.2.**

Tabela 3.2 Dados do espetro de IV dos complexos de Co(II), Cu(II) e Ni(II).

Compound	υ(N–H)	υ(C=N)	υ(C=O)	υ(M–N)
$C_{26}H_{28}N_8O_4$ (L)	3336	1625	1710	
$[Cu(C_{26}H_{28}N_8O_4)Cl_2]$	3342	1610	1710	446
$[Co(C_{26}H_{28}N_8O_4)Cl_2]$	3343	1620	1705	433
$[Ni(C_{26}H_{28}N_8O_4)Cl_2]$	3346	1613	1700	457

3.4.3 Espectros de massa

Foram registados os espectros de massa ESI do ligando macrocíclico e dos seus complexos metálicos. O espetro de massa do ligando macrocíclico mostra um pico de ião molecular distinto a m/z=550 que confirma a fórmula molecular e a estrutura do ligando macrocíclico. Os espectros de massa de todos os complexos macrocíclicos sintetizados apresentam um pico de iões moleculares $[M + H]^+$, *m/z* a 650, 648 e 647 a.m.u correspondendo às suas fórmulas moleculares [Cu($C_{26}H_{28}N_8O_4$)Cl_2], [Co($C_{26}H_{28}N_8O_4$)Cl_2] e [Ni($C_{26}H_{28}N_8O_4$)Cl_2], respetivamente. O espetro de massa do complexo macrocíclico de Co (II) mostra um pico de iões moleculares a m/z 648, que corresponde a [Co ($C_{26}H_{28}N_8O_4$) Cl_2 + H]$^{++}$, sendo a massa calculada 647. Foi observada uma série de picos a *m/z* 516, 420, 270, 162 e 147 a.m.u correspondendo a vários fragmentos. Os dados do espetro de massa de todos os compostos são apresentados na **Tabela 3.3**. Esta informação obtida a partir da espetroscopia de massa confirma satisfatoriamente as estruturas e fórmulas moleculares propostas. Existem vários outros picos nos espectros que são devidos à clivagem térmica dos complexos atribuídos a vários fragmentos da molécula dissociada.

Tabela 3.3 Dados do espetro de massa dos complexos metálicos macrocíclicos

Complexes	Mol. wt.	Molecular ion peak $[M]^+$
$C_{26}H_{28}N_8O_4$ (L)	516.55	$[M]^+ = 550$
$[Cu(C_{26}H_{28}N_8O_4)Cl_2]$	651	$[M]^+ = 650$
$[Co(C_{26}H_{28}N_8O_4)Cl_2]$	647	$[M+ H]^+ = 648$
$[Ni(C_{26}H_{28}N_8O_4)Cl_2]$	646	$[M+H]^+ = 647$

3.4.4 ^{1}H NMR

A espetroscopia de RMN é a principal técnica utilizada para estabelecer a estrutura de muitos ligandos macrocíclicos e dos seus complexos metálicos. Os espectros[1] H NMR do ligando macrocíclico (L) foram registados em solução de clorofórmio utilizando tetrametilsilano (TMS) como padrão interno. Em todos os complexos metálicos, um multipleto na região 9.70-10.0 corresponde ao protão da amida secundária (C-NH). Um multipleto na região de 1,0-1,4 ppm pode ser atribuído [45] aos protões de metileno [-CH2-; 4H]. Enquanto que os protões aromáticos do ligando foram observados como um multipleto na região de 7,18-8,76 ppm [46, 47] e um singleto a 0,8-1,0 ppm pode ser atribuído aos protões metilo do grupo pentano [-CH3, 12H].

3.4.5 Estudos de espectros electrónicos e medições magnéticas

O espetro eletrónico do complexo macrocíclico de base esquifática Cu(II) foi registado à temperatura ambiente, em solução de DMF, e mostra uma banda larga de absorção na gama de 13,333 cm^{-1} (750 nm), que pode ser atribuída à transição^2 Eg$\rightarrow^2$ T2g, o que confirma a geometria octaédrica do complexo [48]. O valor do momento magnético para o complexo de cobre situa-se em 1,98 B.M., correspondendo à presença de um eletrão desemparelhado, o que leva à confirmação de uma geometria octaédrica [49]. (**Tabela 3.4, Figura 3.1**)

O espetro eletrónico do complexo macrocíclico de Co(II) apresenta bandas de absorção na gama de 20.920 cm^{-1} (478 nm) e 15.503 cm^{-1} (645 nm), que podem ser atribuídas às transições^4 T1g (F)$\rightarrow^4$ A2g (F) e^4 T1g(F)$\rightarrow^4$ T1g(P), respetivamente, que confirmam uma geometria octaédrica em torno de um ião Co(II), nos complexos em estudo (**Figura 3.2**). O valor do momento magnético suporta a geometria do complexo que se situa em 4,98 B.M. [50]

O momento magnético do Ni(II) macrocíclico a 2,97 B.M. mostra a presença de uma geometria octaédrica que é confirmada pela espetroscopia eletrónica. Os espectros electrónicos dos complexos de Ni(II) mostram três bandas de absorção, na gama de 22,727 cm^{-1} (440 nm) 18,148 cm^{-1} (551 nm) 15,082 cm^{-1} (663 nm) estas bandas podem ser atribuídas a três transições: ^{3}A2g(F)$\rightarrow^3$ T1g(P), (^{3} A2g(F)$\rightarrow^3$ T1g(F) e^3 A2g(F)$\rightarrow^3$ T2g respetivamente [50] (**Figura 3.3**).

Tabela 3.4 Bandas de absorção UV do ligando macrocíclico e dos seus complexos metálicos.

Compound	Band position (cm⁻¹)	Assignment	Geometry
[Cu(C$_{26}$H$_{28}$N$_8$O$_4$)Cl$_2$]	13333	$^2E_g \rightarrow {}^2T_{2g}$	Octahedral
[Co(C$_{26}$H$_{28}$N$_8$O$_4$)Cl$_2$]	20920	$^4T_{1g}$ (F) $\rightarrow {}^4A_{2g}$ (F)	Octahedral
	15503	$^4T_{1g}$ (F) $\rightarrow {}^4T_{1g}$ (P)	
[Ni(C$_{26}$H$_{28}$N$_8$O$_4$)Cl$_2$]	22727	$^3A_{2g}$ (F) $\rightarrow {}^3T_{1g}$ (P)	Octahedral
	18148	$^3A_{2g}$ (F) $\rightarrow {}^3T_{1g}$ (F)	
	15082	$^3A_{2g}$ (F) $\rightarrow {}^3T_{2g}$ (F)	

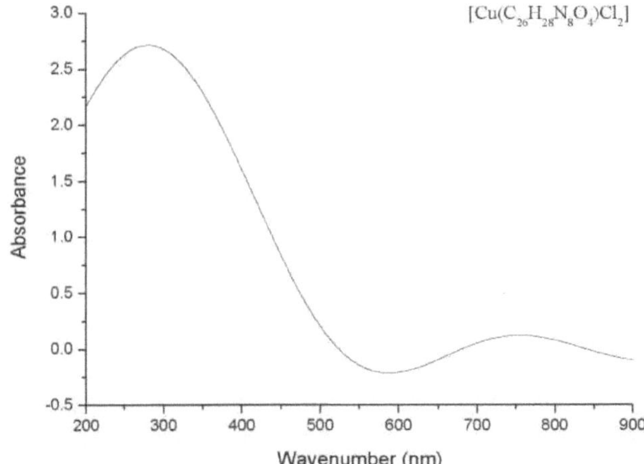

Figura 3.1 Espectros electrónicos de [Cu(C26H28N8O4)Cl2]

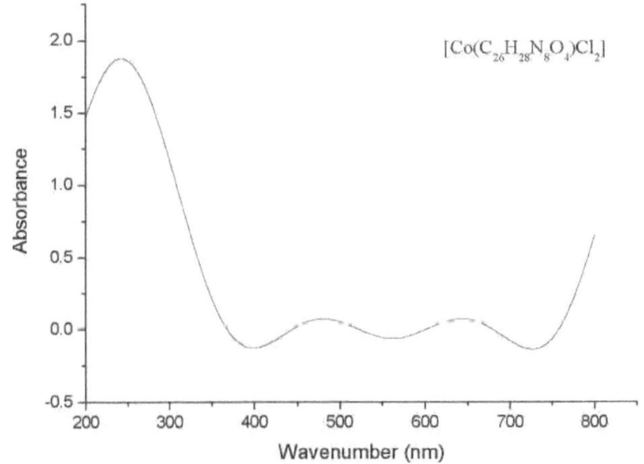

Figura 3.2 Espectros electrónicos de [Co(C26H28N8O4)Cl2]

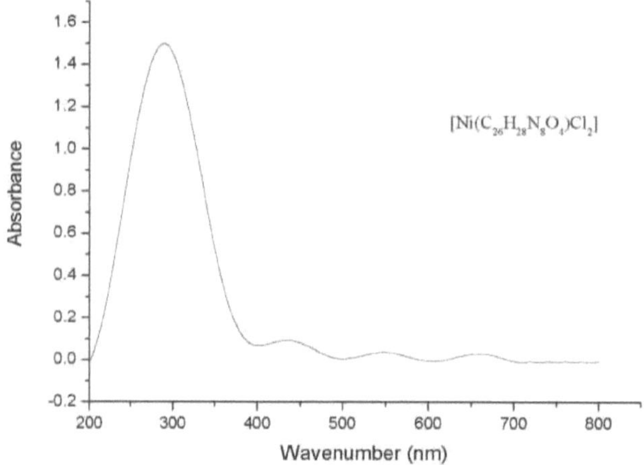

Figura 3.3 Espectros electrónicos de [Ni(C26H28N8O4)Cl2]

3.4.6 Análise térmica

Os estudos de estabilidade térmica foram investigados utilizando o instrumento TGA a uma taxa de 20°C por minuto para 35°C-800°C. Todos os complexos foram estáveis até 225°C sem apresentar qualquer perda de peso, como mostra o termograma. O complexo de Co(II) decompõe-se a 315°C e a perda de peso continua até 580°C. O complexo de Ni(II) perde lentamente o seu peso a partir de 355°C e forma o óxido metálico a 625°C. O complexo de Cu(II) foi estável abaixo de 335°C, após o que se decompõe lentamente em óxido metálico a 700°C. A perda de peso nos complexos pode dever-se à eliminação de átomos de cloro como gás HCl, carbono e azoto na parte orgânica como seu óxido. A partir destes resultados de análise térmica, confirma-se que o complexo de Ni(II) é mais estável do que os outros complexos. **(Figura 3.4)**

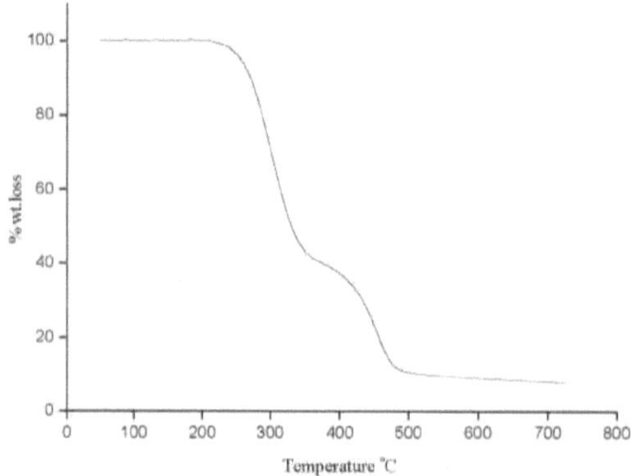

Figura 3.4 Curvas TGA dos complexos metálicos de Ni(II)

3.4.7 . Difração de pó por raios X

A difração de raios X é uma técnica instrumental essencial que é utilizada para detetar materiais cristalinos. A difractometria de raios X é um método versátil por ser não destrutivo, não contrastado, muito sensível e rápido. Embora as composições quantitativas dos compostos não sejam obtidas a partir desta técnica, ela é utilizada principalmente para a determinação das dimensões e da forma da célula unitária e da estrutura detalhada da molécula. Os espectros de difração de raios X do ligando macrocíclico e dos seus complexos metálicos são realizados com compostos em pó utilizando o sistema de difractometria RIGAKU ULTIMA IV a 25°C em material de ânodo de Cu e as definições do gerador são 30 mA, 40 kV. Os compostos foram registados a $2\theta=10\text{-}80°$.

Os difractogramas de raios X indicam a cristalinidade dos compostos. Os compostos estudados apresentam difractogramas de boa qualidade e todos os picos foram identificados para os valores de h, k, l utilizando métodos descritos na literatura. A equação de Braggs $n\lambda=2d\sin\theta$ foi utilizada para obter os valores de d. Os valores de h, k e l e os parâmetros da célula foram utilizados para calcular os valores de sin 2θ para cada pico. As constantes de rede a, b e c para cada célula unitária foram determinadas e são apresentadas na **Figura 3.5** e na **Figura 3.6.** Com base nas investigações de difração de raios X, verificou-se que os complexos macrocíclicos de cobalto e níquel são de natureza cristalina com sistema cristalino monoclínico. Todos os picos coincidem com o JCPDF de desgaste suave.

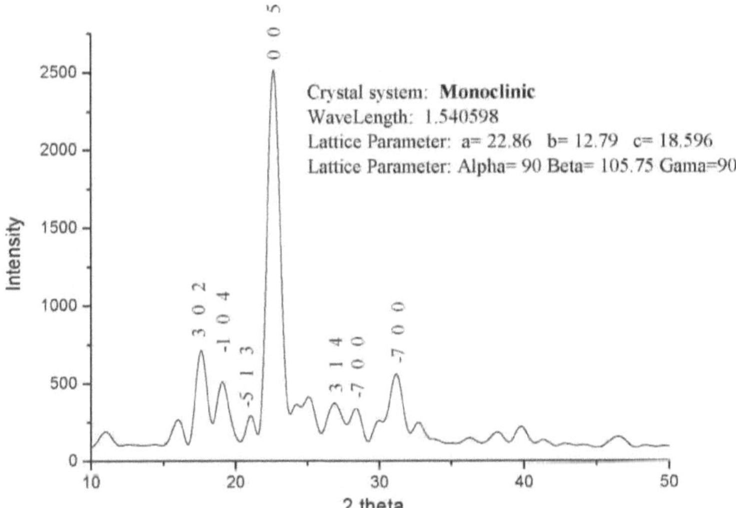

Fig. 3.5 Difractograma de raios X de [Co(C H N$_{262884}$ O)Cl]$_2$

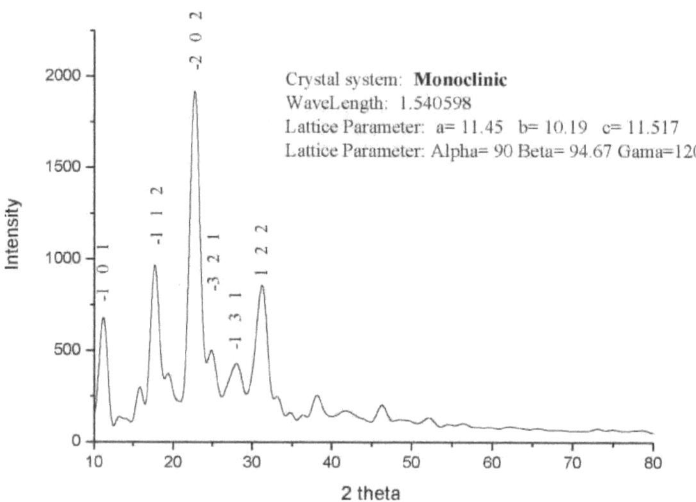

Fig. 3.6 Difractograma de raios X do [Ni(C H N$_{262884}$ O)Cl]$_2$

3.5   Atividade biológica

3.5.1 Atividade antimicrobiana

O ligando macrocíclico e as suas combinações com Co(II), Cu(II) e Ni(II) foram analisados quanto às actividades antimicrobianas contra *Escherchia coli, Bacillus subtilis* e *Staphylococcus aureus* como estirpes bacterianas e *Aspergillus niger, Aspergillus flavus e candida albicans* como estirpes fúngicas pelo método de difusão em disco. Os fármacos Amicacina e Nistatina foram utilizados como padrões para a comparação. A técnica de diluição em série foi utilizada para a determinação dos valores de CIM [51]. [51] Os tubos de ensaio de caldo nutriente foram incubados com culturas de bactérias e fungos com 24 horas de idade. Os tubos de ensaio foram incubados a 37 °C e à temperatura ambiente para bactérias e fungos, respetivamente. Os tubos de ensaio que continham os organismos foram incubados e observados durante 24 h e 48 h, respetivamente, para detetar a presença de turvação. As concentrações mínimas mais baixas dos compostos que impedem o crescimento dos organismos foram designadas por valores MIC. (**Tabela 3.5** e **Tabela 3.6**)

A partir dos resultados das actividades antibacterianas e antifúngicas dos complexos metálicos, é óbvio que os complexos metálicos apresentam uma melhor atividade antimicrobiana do que o ligando macrocíclico; esta melhor atividade dos complexos metálicos é creditada à complexação dos metais e do ligando. O conceito de Overtone e a teoria da quelação [52] esclarecem a atividade antimicrobiana melhorada dos complexos como resultado da quelação, que proporciona a possibilidade de os complexos actuarem como melhores agentes antimicrobianos e os átomos dadores presentes no ligando partilham a carga positiva do ião metálico, resultando na deslocalização de electrões sobre o anel quelatado. Os compostos sintetizados demonstram actividades antibacterianas e antifúngicas moderadas a fortes. O complexo de Ni(II) apresenta uma atividade mais avançada contra *E. coli* e *B. subtilis* do que os outros complexos metálicos contra espécies bacterianas. Os complexos de Co(II) e Cu(II) apresentam uma atividade baixa em comparação com o medicamento padrão Amikacina em estirpes bacterianas. No que diz respeito às espécies fúngicas, o complexo de Ni(II) apresenta a melhor atividade contra *C. albicans* e *Fusarium sp.* em comparação com os outros complexos metálicos. (**Figura 3.7 e Figura 3.8**)

Tabela 3.5 Atividade antibacteriana *in vitro* dos compostos (CIM, µg ml)$^{-1}$

Compounds	Bacterial species			
	E. coli	*B. subtilis*	*P. aereuguioa*	*S. aureus*
Ligand(L)	13	95	62	80
[Cu(L)Cl₂]	12	64	13	42
[Co(L)Cl₂]	11	13	09	21
[Ni(L)Cl₂]	07	04	11	08
Amikacina	05	04	05	04

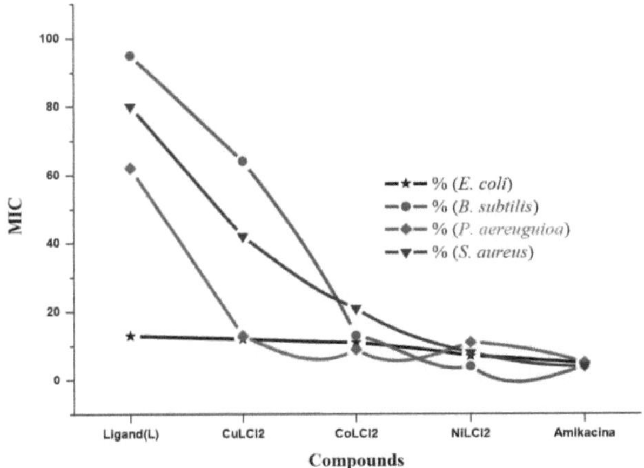

Figura 3.7 Actividade antibacteriana do ligando e dos seus complexos metálicos

Tabela 3.6 Atividade antifúngica in vitro dos compostos (CIM, µg ml)⁻¹

Compounds	Fungal species			
	C. albicans	*Fusarium sp*	*Trichosporon sp.*	*A. flavus*
Ligand(L)	85	94	55	77
[Cu(L)Cl₂]	18	61	16	29
[Co(L)Cl₂]	14	17	12	16
[Ni(L)Cl₂]	09	06	14	11
Nystatina	06	05	05	04

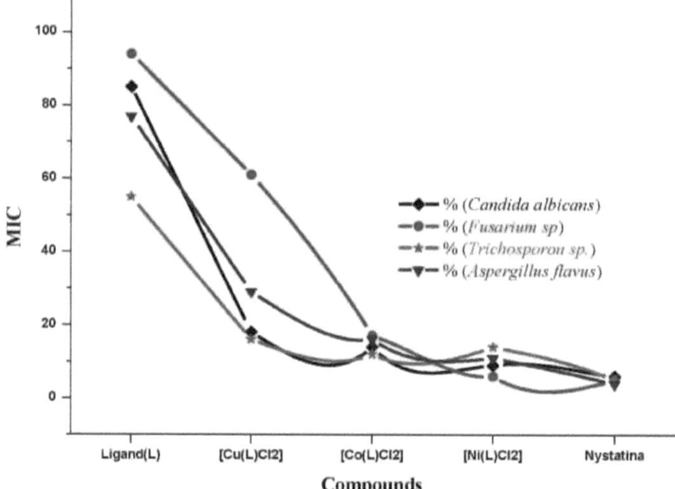

Figura 3.8 Actividades antifúngicas do ligando e dos seus complexos metálicos

3.6 Referências

1. H. Keypour, P. Arzhangi, N. Rahpeyma, M. Y. Rezaeivala, H. Elerman, R. Khavasi, *Inorg. Chim. Ata* .**2011**, 367, 9.

2. Canali, L. Sherrington, D. C. *Chem. Soc. Rev.,* **1999**, 28, 85.

3. P. Guerreiro, S. Tamburini, V. A. Vigato, *Coord. Chem. Rev.,* **1995**, 139, 17.

4. H. Okawa, H. Furutachi, D. E. Fenton, *Coord. Chem. Rev.,* **1998**, 174, 51.

5. P. Guerreiro, S. Tamburini, P. A. Vigato, U. Russo, C. Benelli, *Inorg. Chim. Ata,* **1993**, 213, 279.

6. G. Kumar, D. Kumar, S. Devi, R. Johari, C. P Singh, *Eur. J. Med. Chem.,* **2010**, 45 3056.

7. A. Kulkarni, S. A. Patil, P. S. Badami, *Eur. J. Med. Chem.,* **2009**, 44, 2904.

8. S. N. Pandeya, D. Sriram, G. Nath, E. D. Clercq, *Il Farmaco,* **1999**, 54, 624.

9. G. B. Bagihalli, P. G. Avaji, S. A. Patil, P. S. Badami, *Eur. J. Med. Chem.,* **2008**, 43, 2639.

10. D. P. Singh, K. Kumar, C. Sharma, *Eur. J. Med. Chem.,* **2009**, 44, 3299.

11. K. Singh, M. S. Bharwa, P. Tyagi, *Eur. J. Med. Chem.,* **2007**, 42, 394.

12. W. M. Singh, B. C. Dash, *Pesticides.* **1988**, 22, 33.

13. M. A. Baseer, V. D. Jadhav, R. M. Phule, Y. V. Archana, Y. B. Vibhute, *Orient. J. Chem.,* **2000**, 16, 553.

14. P. G. More, R. B. Bhalvankar, S. C. Pattar, *J. Indian Chem. Soc.,* **2001**, 78, 474.

15. R. Ramesh, S. Maheswaran, *J. Inorg. Biochem,* **2003**, 96, 457.

16. J. Vanco, J. Marek, Z. Travnicek, E. Racanska, J. Muselik, O. Svajlenova, *J. Inorg. Biochem,* **2008**, *102*, 595.

17. V. C. Silveira, J. S. Luz, C. C. Oliveira, I. Graziani, M. R. Ciriolo, A. M. C. Ferreira, *J. Inorg. Biochem.* **2008**, 102, 1090.

18. S. A. Galal, K. H. Hegab, A. S. Kassab, M. L. Rodriguez, S. M. Kervin, A.M.A El Khamry, H. I. Diwani, *Eur. J. Med. Chem.,* **2009**, 44, 1500.

19. X. Zhong, Yi. J, J. J. Sun, H. L. Wei, W.S. Liu, K.B. Yu, *Eur. J. Med. Chem.,* **2006**, 41, 1090.

20. A. T. Chaviara, P. J. Cox, K. H. Repana, R. M. Papi, K. T. Papazisis, D. A. Zambouli, H. Kortsaris, D. A. Kyriakidis, C. A. Bolos, *J. Inorg. Biochem.* **2004**, 98, 1271.

21. N. A. Illan-Cabeza, F. Hueso-Urena, M. N. Moreno-Carretero, J. M. Martinez-Martos, M. J. Ramirez-Exposito, *J. Inorg. Biochem.,* **2008**, *102*, 647.

22. Samadhiya, A. Halve, *Orient. J. Chem.,* **2001**, *17*, 119.

23. T. Yamada, T. Ikeno, Y. Ohtsuka, S. Kezuka, M. Sato, I. Iwakura, *Sci. Technol. Adv. Mater.,* **2006**, *7*, 184.

24. S. Rayati, N. Torabi, A. Ghaemi, S. Mohebbi, A. Wojtczak, A. Kozakiewicz, *Inorg. Chim. Ata,* **2008**, *361*, 1239.

25. V. Mirkhani, M. Moghadam, S. Tangestaninejad, I. Mohammadpoor-Baltork, E. Shams, N. Rasouli, *Appl. Catal. A.,* **2008**, *334*, 106.

26. V. Mirkhani, M. Moghadam, S. Tangestaninejad, I. Mohammadpoor-Baltork, N. Rasouli, *Catal. Commun.,* **2008**, *9*, 219.

27. Y. Chen, J. V. Ruppel, X. P. Zhang, *J. Am. Chem. Soc.,* **2007**, *129*, 12074.

28. B. Dietrich, P. Viout e J-M. Lehn, *Macrocyclic chemistry*, VCH Verlagsgesellschaft, Weinheim, **1993**.

29. J-M. Lehn, *Supramolecular chemistry*, VCH Verlagsgesellschaft, Weinheim, **1995**.

30. E. C. Constable, *Metals and ligand reactivity*, VCH Verlagsgesellschaft, Weinheim, **1996**.

31. J. R. Fredericks e A. D. Hamilton, em: A. D. Hamilton (Ed.), *Supramolecular control of structure and Reactivity*, Wiley, Chichester, **1996** (capítulo 1).

32. J. W. Steed e J. L. Atwood, *Supramolecular chemistry*, Wiley, Chichester **2000**.

33. C. Bazzicalupi, A. Bencini, E. Berni, A. Bianchi, L. Borsari, C. Giorgi, B. Vatancoli, C. Lodeiro, J. C. Lima, A. J. Parola e F. Pina, *J. Chem. Soc., Dalton Trans.*, **2004**, 591.

34. M. Formica, V. Fusi, M. Micheloni, R. Poutellini e P. Romani, *Coord. Chem. Rev.*, **1999**, 184, 347.

35. P. Subik, A. Bialonska e S. Wolowiec, *Polyhedron*, **2011**, 30, 873.

36. H. Keypour, P. Arzhangi, N. Rahpeyma, M. Rezaeivala, Y. Elerman e H. R. Khavasi, *Inorg. Chim. Ata*, **2011**, 367, 9.

37. N. Shahabadi, S. Kashanian e F. Darabi, *Eur. J. Med. Chem.*, **2010**, 45, 4239.

38. W. Radecka-Paryzck, V. Patroniak e J. Lisowski, *Coord. Chem. Rev.*, **2005**, 249, 2156.

39. A. Christensen, H. S. Jensen, V. McKee, C. J. McKenzie e M. Munch, *Inorg. Chem.*, **1997**, 36, 6080.

40. A. Manjula, M. Nagarajan, *Arkivoc*, **2001**, 8, 165.

41. W. J. Geary, *Coord. Chem. Rev.* **1971**, *7*, 81.

42. Z. H. Abd El-Wahab, *Spectrochim. Ata A.* **2007**, *67*, 25.

43. V. Arun, S. Mathew, P. P. Robinson, M. Jose, V. P. N. Nampoori, K. K. M. Yusuff, *Dyes. Pigm.*, **2010**, *87*, 149.

44. Nakomoto, K.; *Infrared and Raman Spectra of Inorganic and Coordination Compounds*, Wiley Interscience, New York, **1986.**

45. M. Shakir, A. K. Mohammed, S. P. Varkey, O. S. M. Nasman, *Indian J. Chem.,* **1996**, *35*, 935.

46. M. S. Niasari, M. Bazarganipour, M. R. Ganjali, P. Norouzi, *Transit. Met. Chem.*, **2007**, *32*, 9.

47. M. Shakir, P. Chingsubam, H. T. N. Chishti, Y. Azim, N. Begum, *Indian J. Chem,* **2004**, *43A*,

556.

48. M. Yamashita, J. B. Fenn, *J. Phys. Chem.,* **1984**, *88*, 4451.

49. S. Chandra, L. K. Gupta, *Spectrochim. Ata A,* **2005**, *61*, 269.

50. S. Chandra, Sangeetika, L. K. Gupta, *Spectrochim. Ata A,* **2005**, *62*, 307.

51. *Methods for Anti-Microbial Dilution and Disk Susceptibility Testing of Infrequently Isolated or Fastidious Bacteria*; Approved Guideline Document M45-A 26 (19). Comité Nacional para a Norma de Laboratório Clínico. NCCLS, Villanova PA EUA, **1999**

52. A. A. A. Emara, *Spectrochim. Ata A*, **2010**, *77*, 117.

Capítulo 4

Síntese de complexos de Ni(II), Cu(II) e Co(II) com novos ligandos macrocíclicos de base de Schiff contendo uma porção de dihidrazida: Propriedades espectroscópicas, estruturais, antimicrobianas e antioxidantes

4.1 . Introdução

A evolução fascinante dos compostos macrocíclicos tornou-se o campo de interesse dos químicos inorgânicos e medicinais em todo o mundo devido às suas importantes propriedades físicas, químicas, biológicas e mecânicas [1-3]. A propriedade básica dos ligandos macrocíclicos de quelatar centralmente os iões metálicos, dependendo do tamanho da cavidade e do número de átomos dadores, confere-lhes uma importância especial no domínio da química bioinorgânica [4-10] e as potenciais aplicações medicinais, analíticas e industriais [11,12] destes compostos macrocíclicos têm sido objeto de grande atenção na química de coordenação. Os complexos metálicos macrocíclicos são considerados poderosos bio-ligantes, uma vez que imitam os importantes sistemas biológicos desenvolvidos há muito tempo pela natureza, como o grupo protetor da porfirina de muitas metaloproteínas [13]. Os sistemas macrocíclicos adquiriram uma importância adicional em relação aos sistemas de ligandos acíclicos, uma vez que os sistemas macrocíclicos são termodinamicamente estabilizados e cineticamente retardados no sentido da dissociação e substituição do metal pelo chamado "efeito macrocíclico" [14]. O efeito macrocíclico dirige a reação de condensação que conduz ao fecho do anel através do método do modelo [15-17]. Os macrociclos contendo azoto mostram uma forte preferência pela formação de complexos estáveis com metais de transição e revelam fortes actividades antibacterianas, antifúngicas e anti-VIH [18-21]. Os complexos macrocíclicos de níquel foram utilizados no reconhecimento e oxidação do ADN [22], enquanto os complexos macrocíclicos de cobre são activos na ligação e clivagem do ADN [23].

O campo de investigação dos complexos metálicos macrocíclicos é muito vasto devido à sua importância iminente para uma série de capacidades interdisciplinares que incluem a química bioinorgânica, a magnetoquímica e a síntese de produtos industriais [24-28]. A química metalorgânica é a área de investigação em desenvolvimento devido à reivindicação de novos compostos antimicrobianos à base de metais contendo azoto, uma vez que o átomo de azoto desempenha um papel significativo na coordenação de metais nos locais activos de várias metalobiomoléculas [29-31]. As boas actividades antimicrobianas destes compostos biologicamente importantes podem estar relacionadas com a lipofilicidade e a penetração dos complexos através da membrana lipídica. O presente trabalho concentra-se na síntese, caraterização estrutural e atividade antimicrobiana e antioxidante de um novo ligando de base de Schiff macrocíclico derivado da 1, 4-

dicarbonil-fenil-dihidrazida e do glioxal, bem como dos seus complexos com iões metálicos Ni(II), Cu(II) e Co(II).

4.2 Síntese do ligando macrocíclico

O ligando macrocíclico de azoto tetradentado (L) foi obtido por condensação (2 + 2) de 1, 4-dicarbonil-fenil-dihidrazida (4,85 g, 0,025 mol) [32] e (1,14 ml, 0,025 mol) em solução de etanol quente contendo algumas gotas de HCl concentrado com agitação constante. A agitação foi mantida durante 3-4 h à temperatura ambiente, durante as quais se separou um composto sólido. O precipitado foi filtrado, lavado várias vezes com EtOH frio e seco sob vácuo sobre CaCl2 anidro. A pureza do produto foi verificada por TLC.

Ligando macrocíclico (L): Sólido castanho; rendimento 72%; peso molar 432 g mol^{-1} ; encontrado (anal. calcd.) C20H16N8O4 (%) C, 55.47 (55.55); H, 3.60 (3.73); N, 25.70 (25.91); FTIR (KBr) $\upsilon_{CT}$$^{-1}$ 3400 (N-H), 1617 (C=N);[1] HNMR (400 MHz d-CDCl3) 7,2-8,0 (m, Ar-H), 8,00 (s, CH=N), 9,4 (s, -NH); MS (ESI) *m/z*, 431 [(C20‰N8O4)]$^{+}$.

4.3 Síntese dos complexos de Ni (II), Cu (II) e Co (II)

Uma solução etanólica quente (20 ml) dos cloretos metálicos correspondentes (0,001 mol) e uma solução etanólica quente (20 ml) do ligando (L) (0,001 mol) foram misturadas com agitação constante. A mistura de reação foi refluxada durante 3 h a 70°C, durante as quais se formou um precipitado. O produto foi filtrado, lavado várias vezes com etanol frio e seco sob vácuo com CaCl2 anidro.

[Ni(L)Cl2]: sólido amarelo; rendimento 67%; peso molar 562 g mol^{-1} ; encontrado (anal. calcd.) Ni(C20H16N8O4)Cl2 (%) C, 42.57 (42.74); H, 2.77 (2.87); N, 19.82 (19.94); FTIR (KBr) otm-^{1} 3310 (N-H), 1595 (C=N); 419 (M-N); UV-Vis. (DMSO, cm^{-1}): 15,879 (^{3} A2g$\rightarrow$^{3} T2g), 18,785 (^{3} A2g$\rightarrow$^{3} T1g(F)), 25,654 (^{3} A2g$\rightarrow$^{3} T1g(P));[1] HNMR (400 MHz d-CDCl3 ppm) 7,0-8,2 (m, Ar-H), 8,0 (s, CH=N), 9,0 (s, -NH); MS (ESI) *m/z*, 561 [Ni(C20H16N8O4)Cl2]$^{+}$.

[Cu(L)Cl2]: sólido verde; rendimento 62%; peso molar 566 g mol^{-1} ; encontrado (anal. calcd.) Cu(C20H16N8O4)Cl2 (%) C, 42.23 (42.38); H, 2.68 (2.85); N, 19.55 (19.77); FTIR (KBr) $\upsilon_{an}$$^{-1}$ 3295 (N-H), 1590 (C=N), 422 (M-N); UV-Vis. (DMSO, cm^{-1}): 14,544 (^{2} B$_{⅛}$$\rightarrow$^{2} A1g), 20,650 (^{2} B1g$\rightarrow$^{2} B2g) , 23,626 (^{2} B1g$\rightarrow$^{2} Eg);[1] HNMR (400 MHz d-CDCl3 ppm) 7,2-8,0 (m, Ar-H), 7,98 S, CH=N), 9,4 (s, -NH); MS (ESI) *m/z*, 565 [Cu(C20H16N8O4)Cl2]$^{+}$.

[Co(L)Cl2]: Sólido castanho; rendimento 70%; peso molar 563 g mol^{-1} ; encontrado (anal. calcd.) Co(C20H16N8O4)Cl2 (%) C, 42.62 (42.73); H, 2.65 (2.87); N, 19.67 (19.93); FTIR (KBr) $\upsilon_{CIII}$$^{-1}$ 3250 (N-H), 1600 (C=N), 430 (M-N); UV-Vis. (DMSO, nm): 984 (^{4} T1g(F) $\rightarrow$^{4} T2g(F)) , 700 (^{4} T1g(F) $\rightarrow$^{4}

$_{A2g}$(F)), 490 (^{4} T1g(F) $\rightarrow$ ^{4} T1g(P));^{1} HNMR (400 MHz d-CDCl3 ppm) 7.2-8.0 (m, Ar-H), 7.98 (s, CH=N), 9.5 (s, -NH); MS (ESI) m/z, 562 431 [Co($C_{20}H_{16}N_8O_4$)Cl2]$^+$.

4.4 Resultados e discussão

Todos os complexos apresentaram resultados satisfatórios de análise elementar que estavam em boa concordância com os calculados para as fórmulas sugeridas. A composição geral de todos os complexos foi MLX2 (onde M = Ni, Cu e Co; L = C20H16N8O4 e X=Cl$^-$). Os complexos são insolúveis em água ou em solventes orgânicos não polares e solúveis em soluções de DMSO ou DMF. A condutância molar dos complexos sólidos medida pelo Systronic Conductivity Bridge 304 indicou a natureza não electrolítica dos complexos [33]. Várias tentativas, tais como a cristalização utilizando misturas de solventes e baixas temperaturas, não foram bem sucedidas para o crescimento de um único cristal adequado para a cristalografia de raios X. No entanto, os dados analíticos, espectroscópicos e magnéticos facilitaram a previsão da possível estrutura dos complexos sintetizados.

4.4.1 Medições da condutância molar

As condutividades molares de soluções de 10^{-3} M dos complexos metálicos sintetizados em solução DMF apresentaram valores na gama de 12-18 Ω^{-1} cm^2 mol^{-1} demonstrando a natureza não electrolítica dos complexos metálicos e a coordenação do anião cloreto ao ião metálico central [34, 35]. Os resultados da análise elementar dos complexos metálicos macrocíclicos também estão de acordo com os valores calculados, sugerindo que os complexos podem ser formulados como [MLX2] e que os complexos têm uma relação metal/ligando de 1:1. Por conseguinte, a condutância molar e a análise elementar mostram a fórmula dos complexos macrocíclicos como [M(C20H16N8O4)X2] em que M = Ni(II), Cu(II), Co(II) e X= Cl$^-$.

4.4.2 Momentos magnéticos e espectros electrónicos

A geometria dos complexos metálicos foi deduzida a partir dos espectros electrónicos e dos dados magnéticos dos complexos. Os espectros electrónicos dos complexos foram registados em DMSO. O espetro do complexo de Ni (II) em DMSO apresenta três bandas a 15,879, 18,785 e 25,654 cm^{-1} atribuídas às transições^3 A2g$\rightarrow$^{3} T2g,^{3} A2g$\rightarrow$^{3} T1g(F) e^3 A2g$\rightarrow$^{3} T1g(P), respetivamente, numa geometria octaédrica em torno do ião Ni(II) [36]. O espetro mostra também uma banda a 32,015 cm^{-1} atribuída à transferência de carga L$\rightarrow$M. O valor do momento magnético (3,3 B.M.) situa-se no intervalo referido para a geometria octaédrica [26] em torno do ião Ni (II). O espetro eletrónico do complexo mononuclear de cobre(II) registado à temperatura ambiente, em solução de DMSO, mostra uma banda larga de absorção na gama 14,344-14,659, 20,609-20,812 e 22,626-24,125 cm^{-1}, que pode ser atribuída a^2 B1g$\rightarrow$^{2} A1g, $(d_{x^2-y^2} \rightarrow d_{z^2})(\upsilon 1)$, ^{2}B1g$\rightarrow$^{2} B2g, $(d_{x^2-y^2} \rightarrow d_{zy})(\upsilon 2)$, e^2 B1g$\rightarrow$^{2} Eg,$(d_{x^2-}$

$y^2 \rightarrow$ dzy, dyz)(υ3) transição e está em conformidade com a geometria octaédrica [37], uma indicação da configuração geométrica mais provável dos complexos metálicos sintetizados são os seus valores de momento magnético. Assim, foi ainda confirmado pelas medições do momento magnético, os valores à temperatura ambiente situam-se em 1,98 B.M correspondendo à presença de um eletrão desemparelhado e suporta uma geometria octaédrica [38]. Os complexos de Co(II) apresentaram três bandas espectrais electrónicas nas regiões de comprimento de onda de 980-1041, 678-751 e 487-498 nm. Estas bandas foram atribuídas às transições $^4T_{1g}(F) \rightarrow ^4T_{2g}(F), ^4T_{1g}(F) \rightarrow ^4A_{2g}(F)$ e $^4T_{1g}(F) \rightarrow ^4T_{1g}(P)$, respetivamente. As posições das bandas indicam que os complexos de Co(II) têm uma geometria octaédrica global [39]. Os valores do momento magnético dos complexos de cobalto(II) foram registados no intervalo de 4,72-4,95 B.M., que é próximo do intervalo normal para complexos octaédricos (4,3- 5,2 B.M), portanto indicativo de geometria octaédrica [40, 41].

4.4.3 Espectros FTIR

O espetro FTIR do ligando macrocíclico não apresenta qualquer banda na região 32003250 cm^{-1} correspondente ao $u(N\frac{1}{8})$ indicando a condensação completa do grupo amino com o glioxal e resultando na formação de um ligando macrocíclico [40]. Os espectros dos ligandos livres mostram uma banda na região 1638-1631 cm^{-1} caraterística do modo de estiramento $\upsilon(C=N)$ [42-44]. Esta banda é deslocada para números de onda mais elevados nos espectros de IV dos complexos metálicos devido à deriva da densidade eletrónica do par solitário do azoto azometínico em direção ao átomo metálico, sugerindo o envolvimento de grupos azometínicos na coordenação com os iões metálicos [45]. Uma banda de intensidade média a 3310-3345 cm^{-1} foi atribuída ao modo de estiramento $u(N-H)$ da fração -NHCO- (46). As novas bandas a 419 e 422 cm^{-1} são atribuíveis à vibração $u(M-N)$ [45], confirmando o modo de coordenação proposto.

4.4.4 ^{1}H NMR

Um estudo da literatura revela que a espetroscopia de RMN se tem revelado conveniente para estabelecer a estrutura e a natureza de muitos ligandos macrocíclicos de base de Schiff e dos seus complexos metálicos. Os espectros^1 H NMR do ligando de base de Schiff (L) foram registados em solução de clorofórmio (d-CDCl3) utilizando Me4Si (TMS) como padrão interno. Os espectros^1 H NMR do ligando mostram um sinal largo a 9,5 ppm devido ao -NH [47], 8,00 ppm devido ao -CH=N [48]. Os multipletos na região 7,2-8,0 ppm podem ser atribuídos a protões aromáticos [49, 50].

4.4.5 Espectros de massa

Os espectros de massa fornecem informações estruturais adicionais sobre os compostos analisados. O espetro de massa de impacto eletrónico do complexo de Co(II) choro mostrou um ião molecular $[Co(C_{20}H_{16}N_8O_4)Cl_2]^+$ com pico em m/z 562,35 amu, uma vez que a massa calculada deste complexo foi 563.23 amu, pelo que o pico do ião molecular pode corresponder ao pico M^+. O complexo de Cu (II) apresentou o pico do ião molecular $[Cu(C_{20}H_{16}N_8O_4)Cl_2]^+$ a m/z 565 amu e o complexo de Ni(II) a 561, o que corresponde ao pico do ião molecular de $[Ni(C_{20}H_{16}N_8O_4)Cl_2]^+$. Para além dos picos devidos ao ião molecular, os espectros apresentam picos atribuíveis a vários fragmentos resultantes da clivagem térmica dos complexos. A intensidade destes picos dá uma ideia da estabilidade e da abundância dos iões. Estes dados estão em boa concordância com a fórmula molecular proposta para estes complexos.

Finalmente, a partir da elucidação dos dados elementares e espectrais (infravermelho, eletrónica,[1] HNMR e massa), bem como das medidas de suscetibilidade magnética à temperatura ambiente e das medidas de condutividade, é possível elaborar as estruturas provisórias dos complexos metálicos macrocíclicos.

4.5 Atividade biológica

4.5.1 Atividade antimicrobiana

Todos os compostos sintetizados foram testados quanto às suas propriedades antimicrobianas contra algumas estirpes de bactérias (*S. aureus, B. subtilis* e *E. coli*) e fungos (*C. albicans, A. flavus* e *A. niger*), respetivamente, de acordo com o procedimento abaixo indicado.

A atividade antibacteriana do ligando macrocíclico e dos seus complexos foi determinada pelo método de difusão em disco [51, 52]. As soluções de teste foram preparadas dissolvendo os compostos sintetizados em DMSO. Verteram-se 20 mL do meio de ágar nutriente em cada placa de Petri e, em seguida, espalharam-se 0,5 mL de caldo bacteriano de ensaio sobre o meio. Após a evaporação do solvente, os discos foram colocados no centro das placas de Petri inoculadas e selados com película de plástico. As placas de Petri foram incubadas a 27°C durante 24 h e as zonas de inibição foram medidas em milímetros.

A atividade fungicida do ligando macrocíclico sintetizado e dos seus complexos metálicos foi determinada in vitro pela técnica de intoxicação alimentar [51, 53]. As soluções de ensaio necessárias foram preparadas dissolvendo os compostos em DMSO. A quantidade necessária desta solução foi adicionada ao meio PDA e vertida na placa de Petri, tendo sido colocado no meio o disco micelial de 5 mm do fungo. Por fim, as placas de Petri foram seladas com película para e foram mantidas na incubadora a 27°C durante 48 h. As actividades foram comparadas com a atividade do fungicida padrão Nistatina. A inibição do crescimento fúngico, expressa em termos percentuais, foi determinada a partir do crescimento nas placas de ensaio em comparação com as respectivas placas de controlo, conforme indicado abaixo.

$$\text{Inhibition \%} = \frac{(C - T)}{C} \times 100$$

Onde, C é o diâmetro do crescimento fúngico na placa de controlo e T o diâmetro do crescimento fúngico na placa de ensaio.

O resultado dos estudos antimicrobianos mostrou que os ligandos macrocíclicos possuíam sobretudo uma atividade ligeira e que os complexos metálicos (II) possuíam sobretudo actividades moderadas a notáveis contra diferentes estirpes bacterianas e fúngicas, o que pode dever-se à ligação azometina (-C=N-) e/ou aos heteroátomos presentes nestes compostos. Os resultados da atividade biológica demonstrou que a maioria dos ligandos macrocíclicos possuía uma maior atividade após a coordenação com diferentes iões metálicos. A melhoria da atividade biológica após a coordenação pode ser explicada com base no conceito de Overtone e na teoria da quelação. (5456) (Figura 4.1 e Figura 4.2) A capacidade de rastreio do ligando macrocíclico e dos seus complexos metálicos como agentes antibacterianos e antifúngicos pode ser revelada pela seguinte ordem, respetivamente.

Co > Cu > Ni > ligando

Co > Cu > Ni >ligante

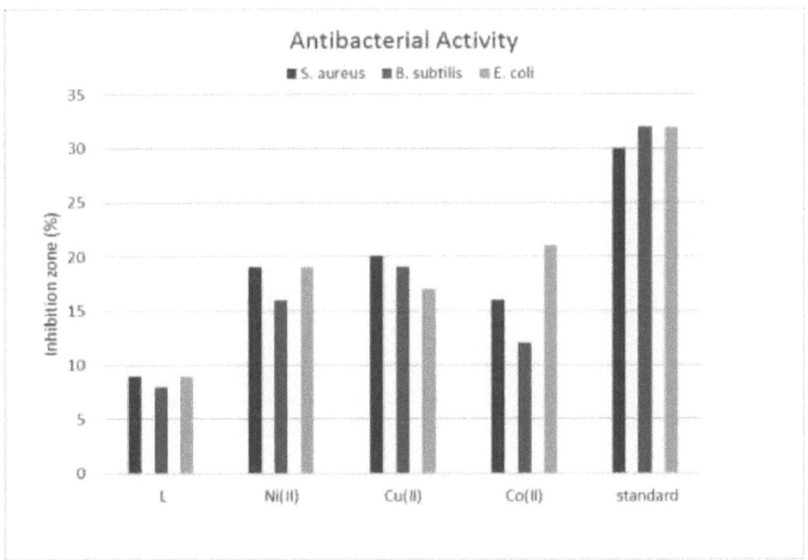

Figura 4.1 Atividade antibacteriana da base de Schiff e dos seus complexos metálicos

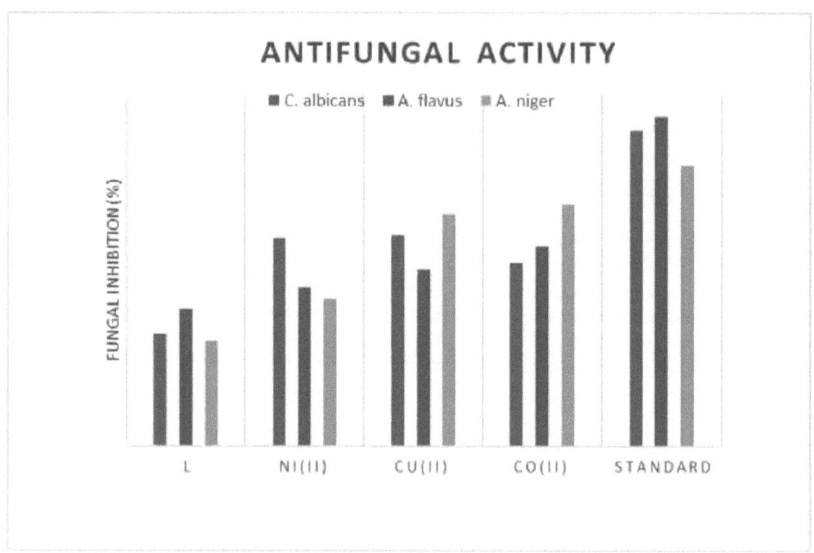

Figura 4.2. Atividade antifúngica da base de Schiff e dos seus complexos metálicos

4.5.2 Atividade antioxidante

Os compostos sintetizados foram avaliados quanto ao seu potencial antioxidante utilizando a capacidade de eliminação do radical estável DPPH (2, 2'-difenil-1-picril-hidrazil) espectrofotometricamente. O DPPH (0,004%) foi preparado em metanol e 1 ml de solução de DPPH 0,004% em metanol foi misturado com 2 ml de mistura de compostos de metanol (2 mg/ml). Os tubos de reação foram embrulhados em folha de alumínio e mantidos no escuro durante 30 minutos. A redução do DPPff foi monitorizada observando a diminuição da absorvância a 517 nm utilizando o espetrofotómetro UV-Vis com solvente e DPPH como branco. A percentagem de inibição foi calculada utilizando a seguinte fórmula

$$\text{Percent (\%)inhibition of DPPH activity} = \frac{A_{control} - A_{sample}}{A_{control}} \times 100$$

Sendo $A_{control}$ = absorvância da DPPff em metanol sem antioxidante, A_{sample} = absorvância da DPPff na presença de um antioxidante.

A percentagem de atividade antioxidante do ligando e dos seus complexos metálicos é apresentada na Tabela 3. A atividade antioxidante dos compostos sintetizados foi determinada em termos de capacidade de eliminação de radicais contra o radical estável DPPH ou de doação de hidrogénio. A mudança de cor do DPPH de púrpura para amarelo após a redução, que pode ser quantificada pela diminuição da sua absorvância no comprimento de onda de 517 nm utilizando o espetrofotómetro UV-Vis. A partir dos resultados experimentais, observa-se uma maior atividade antioxidante para todos os complexos metálicos do que para o ligando livre (Figura 4.3). Entre todos os complexos metálicos, [Cu(C20H16N8O4)Cl2] e [Ni(C20H16N8O4)Cl2] apresentaram maior atividade antioxidante. Os valores implicam que a atividade dos compostos segue a ordem [Cu(C20H16N8O4)Cl2] > [Ni(C20H16N8O4)Cl2] > [Co(C20H16N8O4)Cl2] > C20H16N8O4 (L).

Tabela 3. Atividade antioxidante da base de Schiff e dos seus complexos metálicos

Compound	Antioxidant activity (%)
$C_{20}H_{16}N_8O_4$ (L)	23.5
$[Ni(C_{20}H_{16}N_8O_4)Cl_2]$	29.5
$[Cu(C_{20}H_{16}N_8O_4)Cl_2]$	39.4
$[Co(C_{20}H_{16}N_8O_4)Cl_2]$	29.2

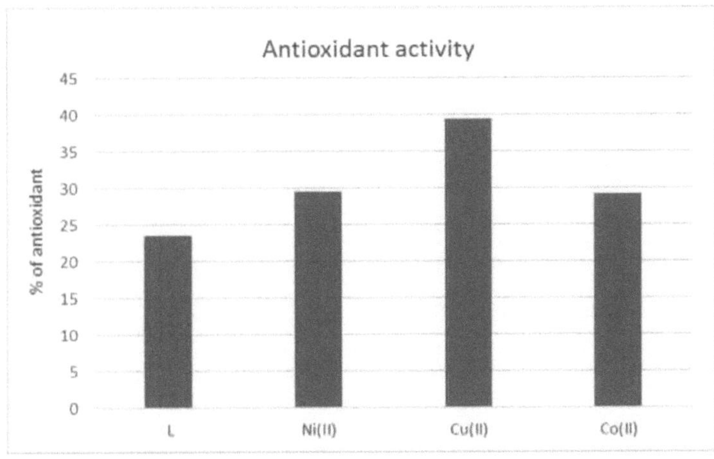

Figura 4.3. Atividade antioxidante da base de Schiff e dos seus complexos metálicos

4.6 Referências

1. Lehn, J. M. Química Supramolecular: Concepts and Perspectives. VCH, Nova Iorque (1995)

2. Erxleben A Coord. Chem. Rev 246: 203 (2003)

3. Atkins A J, Black, D, Finn R L, Marin-Becerra, A, Blake, A. J,Ruiz-Ramirez, L, Li, W. S, Schroder M Dalton Trans. 1730 (2003)

4.   Bradshaw JS, Krakowiak KE, Izatt, RM Aza-Crown Macrocycles Wiley, New York (1993)

5.   Busch DH, Vance AL, Kolchinski AG Comprehensive Supramolecular Chemistry Pergamon, New York, Vol. 9, pp 1 (1996)

6.   Gull, P., Hashmi, A.A., Journal of Molecular Structure. 1139, 264-268 (2017)

7.   Amendola V, Fabbrizzi L, Mangano C, Pallavicini P, Poggi A, Taglietti A, Coord. Chem. Rev. 219, 821 (2001)

8.   Vigato P A, Tamburini S, Coord. Chem. Rev. 248,1717 (2004)

9.   Huang W, Zhu H B, Gou S H Coord. Chem. Rev. 250,414 (2006)

10.   Golcu A, Tumer M, Demirelli H, Wheatley R A, Inorg. Chim. Ata, 358, 1785 (2005)

11.   S. Chandra, R Kumar, Transition Met. Chem. 29, 269 (2004)

12.   S. Chandra, R. Gupta, N. Gupta, S.S. Bawa, Transition Met. Chem., 31, 147 (2006)

13.   S. Chandra, D. Sharma, Transition Met. Chem., 27, 732 (2002)

14.   G.A. Melson, Coordination Chemistry of Macrocyclic Compounds Plenum, New York (1979)

15.   A.K. Singh, R. Singh, P. Saxena, Transition Met. Chem., 29, 867 (2004)

16.   Gull P., Malik M.A., Dar O.A., Hashmi A.A. Microbial Pathogenesis, 104, 212, 2017

17.   D.K. Dey, D. Bandhopadhya, K. Nandi, S.N. Paddan, G. Mukhopadhay, G.B. Kauffman, Synth. React. Inorg. Met. Org. Chem. 22, 1111 (1992)

18.   W. Ma, Y. Tian, S. Zhang, J. Wu, Transition Met. Chem, 31, 97 (2006)

19.   R. N. Prasad, S. Gupta, J. Serb. Chem. Soc. 67, 523 (2002)

20.   M. B. Ferrari, C. Pelizzi, G. Pelosi, M.C. Rodriguez, Polyhedron, 21, 2593 (2002)

21.   D. P. Singh, R. Kumar, P. Tyagi, Transition Met. Chem. 31, 970 (2006)

22.   A. Chaudhary, R. Swaroop, R. Singh, Bol. Soc. Chile Quim. 47, 203 (2002)

23.   J.G. Muller, X. Chen, A.C. Dadig, S.E. Rokita, C.J. Burrows, Pure Appl. Chem. 65, 545 (1993)

24.   J. Liu, T.B. Lu, H. Deng, L.N. Ji, L.H. Qu, H. Zhou, Transition Met. Chem. 28, 116 (2003)

25.   L. Canali, D.C. Sherrington, Chem. Soc. Rev. 28, 85 (1999)

26.   Hisashi O kawa, Hideki Furutachi, David E. Fenton, Coordination Chemistry Reviews. (1998). PII S0010-8545(97)00082 9.

27.   P. N. Remya, S. Biju, M.L.P. Reddy, A.H. Cowley, M. Findlater, Inorg. Chem. 47, 7396 (2008)

28. T. P. Yoon, E.N, Science. 299, 1691 (2003)

29. G. B. Bagihalli, P.G. Avaji, S.A. Patil, P.S. Badami, Eur. J. Med. Chem 43, 2639 (2008)

30. S. A. Rice, M. Givskov, P. Steinberg, S. Kjelleberg, J. Mol. Microbiol. Biotechnol. 1, 23 (1999)

31. A. Scozzafava, C.T. Supuran, J. Med. Chem. 43, 3677 (2000)

32. Bayri A., Karakaplan M, Parmana, Journal of Physics. 69 (2), 301 (2007)

33. Gull P., Hashmi A. A., J. Braz. Chem. Soc., (2015). *26*(7), 1331-1337.

34. W.J. Geary, Coord. Chem. Rev. 7, 81 (1971)

35. S. Chandra, Kumar, U, Synthesis and Reactivity in Inorganic and Metal-Organic Chemistry. 34 (8), 1417 (2004)

36. P. Gull, S. A. AL-Thabaiti, A. A. Hashmi, Int. J. of Multidisciplinary and Current research. 2, 1142 (2014)

37. A.B.P. Lever, Inorganic Electronic Spectroscopy Elsevier, Amesterdão (1986)

38. M Yamashita; JB Fenn, J. Phys. Chem. 88, 4451 (1984)

39. S. Chandra, LK Gupta Spectrochim. Ata A. 61, 269 (2005)

40. S. Chandra, Sharma, A.K, Spectrochimica Ata Part A. 72 (4), 851 (2009)

41. P. Gull, A. A. Hashmi, Investigação Académica Europeia. 2, 5064 (2014)

42. S. Chandra, Sangeetika, Indian Journal Chemistry. 41A, 1629 (2002)

43. C.G. Mohamed, Z.H.A. El-Wahab, J. Therm. Calorim. 73, 347 (2003)

44. P.B. Sreeja, M.R.P. Kurup, Spectrochim. Ata 61A, 331 (2005)

45. Gull P., Malik M.A., Dar O.A., Hashmi A.A. Journal of Molecular Structure, 1134, 734 (2017).

46. C. Jayabalakrishnan, K. Natarajan, Transit. Met. Chem. 27, 75 (2002)

47. S. Chandra, L.K. Gupta Spectrochim. Ata 60 A, 3079 (2004)

48. Howlader, M.B.H, Islam, M.S, Oriental Journal of Chemistry. 19 (3), 515 (2003)

49. G. Kumar, A. Kumar, N. Shishodia, Y.P. Garg e B.P. Yadav, E-Journal of Chemistry. 8(4), 1872 (2011)

50. Boghaei DM, Mohebi S., J Mol Catal A: Chem 179, 41 (2002)

51. M. Shakir, P. Chingsubam, H.T.N. Chishti, Y. Azim, N. Begum, Indian J. Chem. 43A, 556

(2004)

52. M. S. Niasari, M. Bazarganipour, M.R. Ganjali, P. Norouzi, Transit. Met. Chem. 32, 9 (2007)

53. A. Rani, S. Jain, P. Dureja, R. Kumar, A. Kumar World Appl. Sci. J. 5, 59 (2009)

54. B.G. Tweedy, Phytopathology 25, 910 (1964).

55. M.R. Islam, R. Ahamed, Md.O. Rahman, M.A. Akbar, M. Amin, K.D. Alam, F. Lyzu, Euro. J. Sci. Res. 39, 199 (2010)

56. Gull P., Malik M.A., Dar O.A., Hashmi A.A. Microbial Pathogenesis, 100, 237 (2016).

Capítulo 5

Compostos macrocíclicos contendo metais biologicamente activos: Conceção, síntese e actividades antimicrobianas/antioxidantes de ligandos macrocíclicos à base de *O-ftalaldeído* e dos seus complexos de Ni(II), Cu(II) e Co(II).

5.1 Introdução

Nas últimas duas décadas, a química macrocíclica emergiu como um campo brilhante de investigação em ciências químicas e tem recebido um interesse considerável [1, 2]. Os ligandos macrocíclicos são utilizados em biossistemas como representantes da ligação proteína-metal, na terapia de quelação como agentes terapêuticos para o tratamento da toxicidade de metais e antibióticos, e estas caraterísticas peculiares aumentaram a importância da síntese de novos compostos macrocíclicos [3-6]. As bases de Schiff macrocíclicas têm um significado proeminente na química de coordenação devido a certas caraterísticas como a quelação com iões metálicos selecionados, o número de átomos doadores presentes, os raios iónicos e a propriedade de ligação dos contra-iões [7]. Os complexos macrocíclicos sintéticos apresentam algumas caraterísticas, tal como alguns sistemas macrocíclicos naturais, pelo que são sempre considerados como compostos versáteis no domínio biológico. O ião metálico presente no sistema macrocíclico regula as funções executadas por estes sistemas, como a magnésio-hidroporfirina na clorofila, a cobalto-corrina da vitamina B-12 e o núcleo ferro-porfirina na hemoglobina [8]. Existem vários tipos de complexos metálicos macrocíclicos que apresentam actividades biológicas, incluindo anti-inflamatória, herbicida, antifúngica, antimalárica, anticancerígena e antidiabética [9-16].

Os complexos metálicos macrocíclicos apresentam amplas aplicações em domínios de investigação interdisciplinares e ganharam grande importância. Na era atual, estes macrociclos representam, a nível industrial, um material de partida emergente para vários produtos úteis e têm demonstrado grande importância na química bioinorgânica [17-20]. Os compostos macrocíclicos são considerados como os melhores sistemas de ligandos em química de coordenação, uma vez que têm uma forte tendência para interagir e se ligarem a vários tipos de iões metálicos [21]. A química bio-inorgânica tornou-se um campo de investigação emergente apenas devido ao aumento da atividade dos medicamentos antimicrobianos de base metálica [22, 23]. O principal fator que melhora ou governa a atividade melhorada dos medicamentos antimicrobianos de base metálica é a lipofilicidade dos medicamentos e a permeabilidade através da membrana lipídica.

Uma vez que não foi efectuado qualquer trabalho sobre a síntese de complexos metálicos macrocíclicos à base de dihidrazida, dedicámos o nosso interesse à síntese, caraterização espetral e propriedades biológicas dos novos complexos de Ni(II), Cu(II) e Co(II) derivados de 1, 4- dicarbonil-fenil-dihidrazida e O-ftalaldeído. Estes compostos foram caracterizados e analisados para explorar a estrutura e as propriedades biológicas destes complexos metálicos macrocíclicos recentemente desenvolvidos.

5.2 Síntese do ligando macrocíclico

Num balão de fundo redondo, reagiu-se uma solução de 0,27 g de O-ftalaldeído (2 mmol) em 25 ml de etanol com 0,39 g (2 mmol) de 1,4-dicarbonil-fenil-di-hidrazida em 30 ml de etanol e agitou-se continuamente durante 3-4 h à temperatura ambiente. O produto sólido que se separou foi recolhido, bem lavado com água e seco num exsicador com $CaCl_2$.

5.3 Síntese de complexos metálicos

Os complexos de Ni(II), Cu(II) e Co(II) foram sintetizados dissolvendo o ligando macrocíclico e os respectivos sais metálicos numa proporção de 1:1 e refluindo a mistura de reação durante 2 h. O precipitado formado foi filtrado, lavado várias vezes com etanol e seco sob vácuo sobre $CaCl_2$ anidro.

5.4 Resultados e discussões

A composição global de todos os complexos foi MLX2 (em que M = Ni, Cu e Co; L = $C_{32}H_{24}N_8O_4$ e X=Cl$^-$). Os complexos sintetizados juntamente com o ligando fornecem resultados corretos de C, H e N que estão em total concordância com os calculados para as fórmulas propostas, como se mostra na **Tabela 5.1**. Os complexos obtidos eram de várias cores, cristalinos, estáveis ao ar e facilmente solúveis nos solventes DMSO e DMF.

5.4.1 Medições da condutância molar

As medições de condutância foram efectuadas à temperatura ambiente utilizando soluções de 10^{-3} M dos compostos. Os complexos apresentaram valores de condutância molar na gama de 12-18 Ω^{-1} cm^2 mol^{-1} mostrando a natureza não electrolítica do composto [24, 25]. As fórmulas moleculares sugeridas de acordo com os dados de condutância molar podem ser escritas como [MLX2] e os aniões foram ligados ao ião metálico central dentro da esfera de coordenação.

5.4.2 Medições da suscetibilidade magnética

Os dados do momento magnético de todos os complexos são apresentados na **Tabela 5.1**. O valor do momento magnético obtido para o complexo de Níquel foi de 3,3 B.M., o que corresponde a uma geometria octaédrica em torno do ião Níquel [26]. Os complexos de Cu(II) apresentaram um momento magnético na gama de 1,92-1,99 B.M., correspondendo a seis complexos de Cu(II) coordenados [27]. O momento magnético para os complexos de Co(II) foi de 4,72-4,95 B.M. que se situa na gama de complexos octaédricos i.e. 4,3- 5,2 B.M., o que prova a geometria octaédrica [28, 29].

Tabela 5.1 Dados analíticos dos complexos

Compounds	Mol. wt.	Elemental analysis calculated (found) (%)					μ_{eff}
		C	H	N	O	M	
$C_{32}H_{24}N_8O_4$ (L)	584.58	65.75 (65.69)	4.14 (4.08)	19.17 (19.11)	10.95 (10.87)	-	
$[Ni(C_{32}H_{24}N_8O_4)Cl_2]$	714.18	53.82 (53.77)	3.39 (3.30)	15.69 (15.58)	8.96 (8.89)	8.22 (8.18)	3.3
$[Cu(C_{32}H_{24}N_8O_4)Cl_2]$	719.04	53.45 (53.38)	3.36 (3.28	15.58 (15.49)	8.90 (8.85)	8.84 (8.76)	1.92- 1.99
$[Co(C_{32}H_{24}N_8O_4)Cl_2]$	714.42	53.80 (53.75)	3.39 (3.31)	15.68 (15.59)	8.25 (8.20)	8.96 (8.91)	4.72- 4.95

5.4.3 Espectros de IV

O espetro de infravermelhos, que fornece provas valiosas sobre a coordenação dos compostos sintetizados com os sais metálicos, foi representado na **Tabela 5.2** e os dados foram listados. O não aparecimento de bandas a 3300-3400 cm^{-1} , caraterísticas do grupo -NH livre, apoia a formação de ligandos macrocíclicos pela reação entre 1, 4- dicarbonil-fenil-dihidrazida e moléculas de O-ftalaldeído. A ocorrência de uma banda de intensidade média a 1550-1640 cm^{-1} atribuível à frequência de estiramento c(C=N) da imina [25, 30, 31], que apareceu em valores de frequência mais baixos nos complexos, o que mostra que a coordenação teve lugar através do grupo C=N. O aparecimento de uma banda a ca. 430-470 cm^{-1} nos espectros dos complexos, que foi atribuída a υ(M-N), é também uma indicação da ligação azometina-nitrogénio do metal. Uma banda de intensidade média a 3310-3345 cm^{-1} foi atribuída ao modo de estiramento u(N-H) da fração -NHCO- [25, 32]. Na região do infravermelho distante, as bandas u(M-Cl) e u(M-N) apareceram em 310-330 e 420-445 cm^{-1} [33, 34]. Por conseguinte, concluiu-se pelos dados acima discutidos que o ligando actuou como um ligando macrocíclico tetradentado.

Tabela 5.2 Dados espectrais FTIR dos compostos macrocíclicos.

Compound	$\upsilon(N-H)$	$\upsilon(C=N)$	$\upsilon(M-N)$
$C_{32}H_{24}N_8O_4$ (L)	3410	1625	-
$[Ni(C_{32}H_{24}N_8O_4)Cl_2]$	3310	1615	434
$[Cu(C_{32}H_{24}N_8O_4)Cl_2]$	3295	1610	450
$[Co(C_{32}H_{24}N_8O_4)Cl_2]$	3250	1620	440

5.4.4 Espectros de massa

Os espectros de massa forneceram informações estruturais adicionais relativamente à confirmação da estruturas propostas. O espetro ESI do complexo de Co(II) choro mostrou um ião molecular $[Co(C_{32}H_{24}N_8O_4)Cl_2]^+$ com pico em m/z 715.15 amu e o pico do ião molecular pode corresponder ao pico isotópico (M+H) devido aos isótopos^{13} C e^{15} N. O complexo de Cu(II) apresentou um pico de ião molecular $[Cu(C_{32}H_{24}N_8O_4)Cl_2]^+$ a m/z 719,04 amu e o complexo de Ni(II) a 714,18, o que corresponde ao pico de ião molecular de $[Ni(C_{32}H_{24}N_8O_4)Cl_2]^+$. Existem vários outros picos nos espectros que se devem à decomposição térmica dos complexos atribuídos a vários fragmentos da molécula dissociada. A intensidade destes picos dá uma ideia da estabilidade e da abundância dos iões [35]. Esta informação está em boa conformidade com as fórmulas moleculares sugeridas para os compostos.

5.4.5 ^{1}H NMR

A espetroscopia de RMN é a principal técnica utilizada para estabelecer a estrutura de muitos ligandos macrocíclicos e dos seus complexos metálicos. A interpretação^1 H NMR dos compostos foi efectuada em solução de clorofórmio utilizando tetrametilsilano como padrão interno. Os espectros de RMN de^1 H do ligando apresentam um sinal amplo a 9,4 ppm devido ao -N-H [36], 8,0-8,5 ppm devido ao -CH=N [37]. Os protões aromáticos ocorrem na região de 7,0-7,96 ppm como um multipleto [38, 39].

5.4.6 Espectros electrónicos

Os espectros electrónicos dos compostos foram obtidos em DMSO. Os espectros electrónicos e os dados espectrais dos compostos são apresentados na **Figura 5.1** e na **Figura 52**. O espetro do complexo de Ni(II) mostra três bandas a 21,097, 13,793 e 12,254 cm^{-1} atribuídas a transições^3 $_{A2g}(F) \rightarrow^3 T_{1g}(P),^3$ $_{A2g}(F) \rightarrow^3 T_{1g}(F)$ e^3 $_{A2g}(F) \rightarrow^3 T_{2g}(F)$, respetivamente, numa geometria octaédrica em torno do ião Ni(II) [40]. O espetro mostra também uma banda a 33.003 cm-1 atribuída à transferência de carga L→M. O valor do momento magnético em 3,3 B.M. coincide com a gama referida para uma geometria octaédrica [41] em torno do ião Ni(II).

O espetro Uv do complexo de Co(II) apresenta uma banda larga de absorção na gama de 15,797 cm^{-1}, que pode ser atribuída à transição $^2E_g \rightarrow\, ^2T_{2g}$ e prova uma geometria octaédrica [42]. Os valores das medições do momento magnético, que se situam em 1,98 B.M, correspondentes à presença de um eletrão não emparelhado, suportam uma geometria octaédrica [43].

Os complexos de Co(II) apresentam três bandas nas regiões de número de onda 19, 047 cm^{-1} e 14450 cm^{-1}. Estas bandas foram atribuídas às transições $^4T_{1g}$ (F) $\rightarrow\, ^4A_{2g}$ (F) e $^4T_{1g}$ (F) $\rightarrow\, ^4T_{1g}$ (P), respetivamente. As posições destas bandas de absorção mostram que os complexos de Co(II) têm uma geometria octaédrica global [44].

Tabela 5.3 Bandas de absorção espetral do ligando e dos seus complexos metálicos.

Compound	Band position (cm^{-1})	Assignment	Geometry
[Ni(C$_{32}$H$_{24}$N$_8$O$_4$)Cl$_2$]	21097 (474nm)	$^3A_{2g}$ (F) $\rightarrow\, ^3T_{1g}$ (P)	Octahedral
	13793 (725nm)	$^3A_{2g}$ (F) $\rightarrow\, ^3T_{1g}$ (F)	
	12254 (816nm)	$^3A_{2g}$ (F) $\rightarrow\, ^3T_{2g}$ (F)	
[Cu(C$_{32}$H$_{24}$N$_8$O$_4$)Cl$_2$]	15797 (633nm)	$^2E_g \rightarrow\, ^2T_{2g}$	Octahedral
[Co(C$_{32}$H$_{24}$N$_8$O$_4$)Cl$_2$]	19047 (525nm)	$^4T_{1g}$ (F) $\rightarrow\, ^4A_{2g}$ (F)	Octahedral
	14450 (692nm)	$^4T_{1g}$ (F) $\rightarrow\, ^4T_{1g}$ (P)	

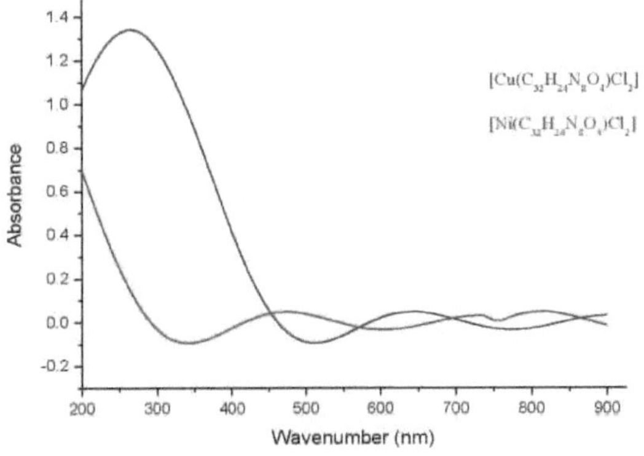

Figura 5.1 Espectros electrónicos dos complexos metálicos de níquel e de cobre

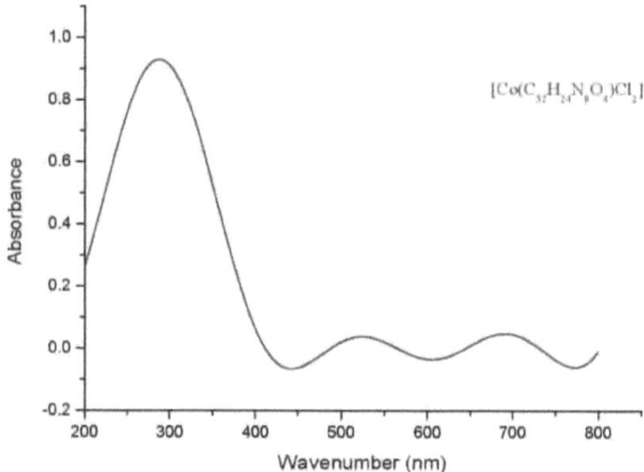

Figura 5.2 Espectros electrónicos dos complexos de cobalto metálico

5.4.7 . Difração de pó por raios X

A difração de raios X é uma técnica instrumental essencial que é utilizada para detetar materiais cristalinos. A difractometria de raios X é um método versátil por ser não destrutivo, não contrastado, muito sensível e rápido. Embora as composições quantitativas dos compostos não sejam obtidas a partir desta técnica, ela é principalmente utilizada para a determinação das dimensões e da forma da célula unitária e da estrutura detalhada da molécula.

Os difractogramas de raios X indicam a cristalinidade dos compostos. Os compostos estudados apresentam difractogramas de boa qualidade e todos os picos foram identificados para os valores de h, k, l utilizando métodos descritos na literatura. A equação de Braggs $n\lambda=2d\sin\theta$ foi utilizada para obter os valores de d. Os valores de h, k e l e os parâmetros da célula foram utilizados para calcular os valores de sin 2θ para cada pico. As constantes de rede a, b e c para cada célula unitária foram determinadas e são apresentadas na **Figura 5.3** e na **Figura 5.4**. Com base nas investigações de difração de raios X, verificou-se que os complexos macrocíclicos de cobalto e cobre são de natureza cristalina com sistemas cristalinos tetragonal e monoclínico, respetivamente. Todos os picos coincidem com o software JCPDF.

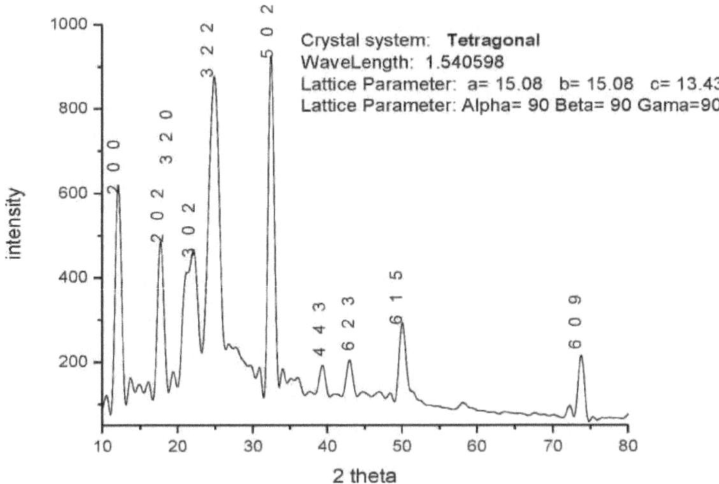

Figura 5.3 Difractograma de raios X de [Co(C H N$_{322484}$ O)Cl]$_2$

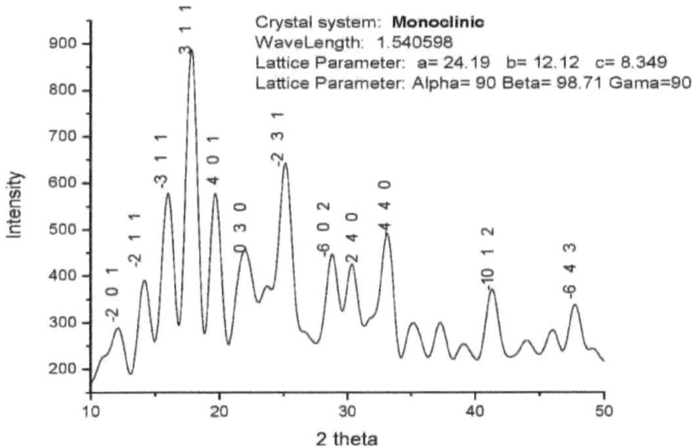

Figura 5.4 Difractograma de raios X de [Cu(C H N$_{322484}$ O)Cl]$_2$

5.5   Atividade biológica

5.5.1 Atividade antimicrobiana

Todos os compostos recentemente sintetizados foram analisados quanto às suas propriedades antimicrobianas contra algumas estirpes de bactérias e fungos como *E. coli*, *B. subtilis* e *S. aureus* e *A. niger*, *A. flavus* e *C. albicans*, respetivamente, de acordo com o método abaixo indicado.

O método de difusão em disco foi utilizado para selecionar o ligando macrocíclico e os seus complexos contra as estirpes antibacterianas (**Tabela 5.4**) [45, 46]. As soluções de teste foram preparadas dissolvendo os compostos sintetizados em DMSO. 0,5 mL do caldo bacteriano foi espalhado sobre o meio de ágar nutriente. A partir da solução de teste, foram aplicados 25 µL no disco estéril com um diâmetro de 10 mm. Após a remoção do solvente por evaporação, os discos foram colocados no centro das placas de Petri incubadas e embrulhados com película parafinada. As placas de Petri foram incubadas a 27°C durante 24 h e as zonas de inibição foram medidas em milímetros.

A atividade fungicida (**Tabela 5.5**) do ligando macrocíclico sintetizado e dos seus complexos metálicos foi determinada in vitro pela Técnica de Intoxicação Alimentar [45, 47]. Os compostos foram dissolvidos em DMSO para preparar a solução de ensaio. A quantidade necessária desta solução foi adicionada ao meio PDA e transferida para a placa de Petri e o disco micelial de 5 mm do fungo foi colocado no meio. Por fim, as placas de Petri foram seladas com película para e mantidas na incubadora a 27°C durante 7 dias. O fungicida Nistatina foi utilizado como padrão. A inibição do crescimento fúngico foi determinada e expressa em termos percentuais, conforme indicado abaixo.

$$\text{Inhibition \%} = \frac{(C - T)}{C} \times 100$$

Onde, T é o diâmetro do crescimento fúngico na placa de ensaio e C é o diâmetro do crescimento fúngico na placa de controlo.

A partir dos resultados, concluiu-se que a atividade do ligando macrocíclico é menos proeminente do que a dos seus complexos metálicos, o que representa que a complexação com metais melhora a atividade antimicrobiana do ligando. Os resultados das investigações mostram que as porções que contêm metais são mais proeminentes do que os ligandos livres. (**Figura 5.5** e **Figura 5.6**) No caso da atividade bacteriana, o complexo de Cu(II) apresenta a melhor atividade contra *E. coli* e *S. aureus* a 500 µgml^{-1} . No caso dos fungos, o complexo de Ni(II) apresenta uma atividade proeminente contra *A. niger* e o complexo de Co(II) contra *A. flavus* a 150 µgml^{-1} .

Tabela 5.4 Actividades antibacterianas dos compostos macrocíclicos

Compounds	Bacterial inhibition zone, mm (conc. in μgml^{-1})								
	E. coli			*B. subtilis*			*S. aureus*		
	100	**250**	**500**	**100**	**250**	**500**	**100**	**250**	**500**
$C_{32}H_{24}N_8O_4$ (L)	-	-	09	-	06	08	-	-	09
[Ni($C_{32}H_{24}N_8O_4$)Cl$_2$]	06	11	16	08	15	19	-	09	13
[Cu($C_{32}H_{24}N_8O_4$)Cl$_2$]	10	14	18	05	12	18	07	13	16
[Co($C_{32}H_{24}N_8O_4$)Cl$_2$]	07	09	12	07	11	16	08	-	14
Chloramphenicol	32	32	32	30	30	30	35	35	35

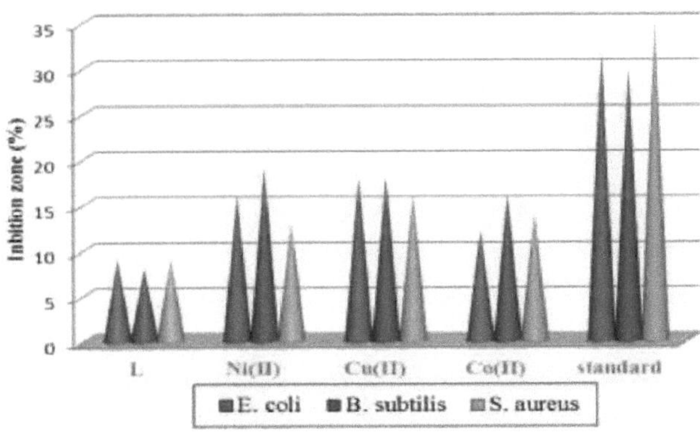

Figura 5.5 Atividade antibacteriana da base de Schiff e dos seus complexos metálicos

Tabela 5.5 Actividades antifúngicas do ligando (L) e dos seus complexos.

Compounds	Fungal inhibition, % (conc. in µgml⁻¹)								
	A. niger			*A. flavus*			*C. albicans*		
	50	**100**	**150**	**50**	**100**	**150**	**50**	**100**	**150**
$C_{32}H_{24}N_8O_4$ (L)	17	28	32	15	30	39	12	18	31
$[Ni(C_{32}H_{24}N_8O_4)Cl_2]$	31	41	59	28	39	45	19	33	43
$[Cu(C_{32}H_{24}N_8O_4)Cl_2]$	26	49	51	21	40	50	24	37	51
$[Co(C_{32}H_{24}N_8O_4)Cl_2]$	29	39	52	29	46	57	13	21	35
Nystatin	69	84	92	70	89	94	52	68	81

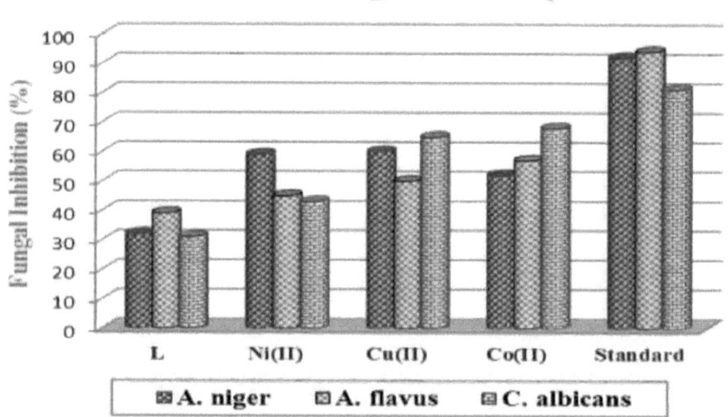

Figura 5.6 Atividade antifúngica dos compostos macrocíclicos

5.5.2 Atividade antioxidante

Os compostos sintetizados foram testados quanto à atividade antioxidante utilizando o radical DPPH. O espetrofotómetro foi utilizado para determinar a capacidade de eliminação do radical DPPH. O DPPH (0,004%) foi preparado utilizando o solvente metanol e 1 ml desta solução foi misturado com 2 ml da solução do composto. A reação foi mantida no escuro durante 30 minutos e a redução do DPPH foi monitorizada observando a diminuição da absorvância utilizando o espetrofotómetro UV-Vis. A percentagem de inibição foi calculada utilizando a seguinte fórmula.

$$\text{Percent inhibition of DPPH activity} = \frac{A_{control} - A_{sample}}{A_{control}} \times 100$$

Em que $A_{controi}$ e A_{sampie} são a absorvância do DPPH em metanol sem um antioxidante e a absorvância do DPPH na presença de um antioxidante.

A percentagem de atividade antioxidante dos compostos é apresentada na **Tabela 5.6.** A partir dos dados experimentais, observa-se uma melhor atividade antioxidante para todos os complexos do que para o ligando livre. **(Figura 5.7)** Entre todos os complexos metálicos, [Cu($C_{32}H_{24}N_8O_4$)Cl2] e [Co($C_{32}H_{24}N_8O_4$)Cl2] apresentaram maior atividade antioxidante. Os valores sugerem que a atividade dos compostos segue a ordem [Cu($C_{32}H_{24}N_8O_4$)Cl2] > [Co($C_{32}H_{24}N_8O_4$)Cl2] > [Ni($C_{32}H_{24}N_8O_4$)Cl2] > $C_{32}H_{24}N_8O_4$ (L).

Tabela 5.6 Atividade antioxidante do ligando macrocíclico e dos seus complexos metálicos

Compound	Antioxidant activity (%)
$C_{32}H_{24}N_8O_4$ (L)	23.7
[Ni($C_{32}H_{24}N_8O_4$)Cl$_2$]	28.5
[Cu($C_{32}H_{24}N_8O_4$)Cl$_2$]	38.4
[Co($C_{32}H_{24}N_8O_4$)Cl$_2$]	33.1

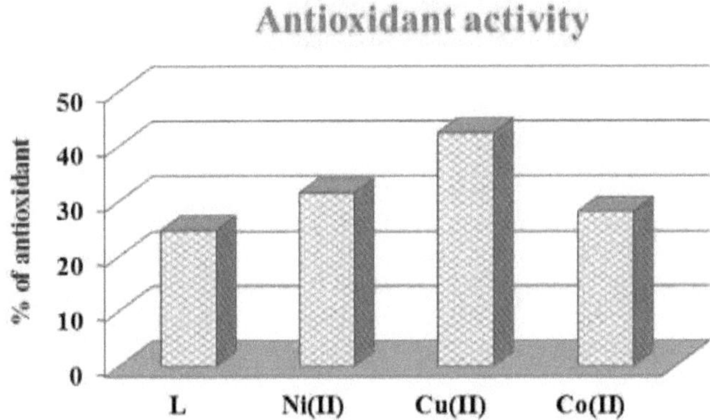

Figura 5.7 Actividades antioxidantes do ligando macrocíclico e dos seus complexos metálicos

5.6 Referências

1. S. J. Archibald, Coordination chemistry of macrocyclic ligands, Annu. Rep. Prog. Chem., Sect.

A: *Inorg. Chem.,* **2009**, 105, 297.

2. Z. Chu, W. Huang, L. Wang, S. Gou, *Polyhedron.* **2008**, 27, 1079.

3. K. J. Kilpin, W. Henderson, B.K. Nicholson, *Polyhedron. 2007, 26,* 204.

4. T. Dudev, C. Lim, *J. Phys. Chem.*, *2001,* 105, 10709.

5. S. S. David, E. Meggers, *Curr. Opin. Chem. Biol.*, *2008,* 12, 197.

6. S. J. S. Flora, V. Pachauri, *Int. J. Environ. Res. Public Health 2010*, 7, 2745.

7. L.T. Bozic, E. Marotta, P. Traldi, *Polyhedron.* **2007,** 26, 1663.

8. M. N. Hughes, "The inorganic chemistry of biological processes". 2ª Edição, Wiley, Nova Iorque **1981.**

9. P. G. More, R. B. Bhalvankar, S. C. Pattar, *J. Indian Chem. Soc.*, **2001,** 78, 474.

10. G. B. Bagihalli, P. G. Avaji, S. A. Patil, P. S. Badami, *Eur. J. Med. Chem.*, 2008, 43, 2639.

11. J. Vanco, J. Marek, Z. Travnicek, E. Racanska, J. Muselik, O. Svajlenova, *J. Inorg. Biochem,* **2008**, 102, 595.

12. N. A. Illan-Cabeza, F. Hueso-Urena, M.N. Moreno-Carretero, J.M. Martinez-Martos, M.J. Ramirez-Exposito, *J. Inorg. Biochem.*, **2008**, 102, 647.

13. S. B. Desai, P. B. Desai, K. R. Desai, *Heterocycl. Commun.,* 2001, 7, 83.

14. S. Samadhiya, A. Halve, *Orient. J. Chem.*, **2001,** 17, 119.

15. M. A. Baseer, V. D. Jadhav, R. M. Phule, Y. V. Archana, Y. B. Vibhute, *Orient. J. Chem.*, **2000,** 16, 553.

16. W. M. Singh, B. C. Dash, *Pesticides* **1988**, 22, 33.

17. P. Guerriero, S. Tamburini, P. A. Vigato, *Inorganic Chimica Ata* **1993**, doi: 10.1016/S0020-1693(00)83838-4

18. L. Canali, D. C. Sherrington, *Chem. Soc. Rev.*, **1999**, 28, 85.

19. Hisashi O kawa, Hideki Furutachi, David E. Fenton, Coordination Chemistry Reviews. **1998**. PII S0010-8545(97)00082 9.

20. S. Chandra, S. D. Sharma, *Transition Metal Chemistry* **2002**, 27, 732.

21. T. P. Yoon, E. N. Jacobsen, *Science* 2003, 299, 1691.

22. S.A. Rice, M. Givskov, P. Steinberg, S. Kjelleberg, *J. Mol. Microbiol. Biotechnol.*, 1999, 1, 23.

23. A. Scozzafava, C. T. Supuran, *J. Med. Chem.*, **2000**, 43, 3677.

24. S. Chandra, U. Kumar, *Síntese e Reatividade em Química Inorgânica e Metal-Orgânica,* **2004**, 34 (8), 1417.

25. P. Gull, S. A. AL-Thabaiti, A. A. Hashmi, Design, *Int. J. of Multidisciplinary and Current research,* **2014**, 2, 1142.

26. F. A. Cotton, G. Wilkinson, Advanced Inorganic Chemistry. (A Comprehensive Text), 4ª ed., John Wiley, Nova Iorque, **1980**.

27. L. Mitu, N. A. M. Farook, S. A. Iqbal, N. Raman, N. Imran, S. K Sharma, *Electronic Journal of Chemistry.* **2010**, 7(1), 227.

28. P. Gull, A. A. Hashmi, *Investigação Académica Europeia.* **2014**, 2, 5064.

29. S. Chandra, Sangeetika, *Indian Journal Chemistry.* **2002**, 41A, 1629.

30. U.L Kala, S. Suma, M. R. P. Kurup, S. Krishnan, R. P. John, *Polyhedron.* **2007**, 26, 1427.

31. H. L. Siddiqui, A. Iqbal, S. Ahmad, G. W. Weaver, *Molecules.* **2006**, 11, 206.

32. M. B. H. Howlader, M. S. Islam, *Oriental Journal of Chemistry.* **2003**, 19 (3), 515.

33. D. X. West, A. A. Nassar, F. A. El-Saied, M. I. Ayad, *Transition Metal Chemistry,* **1999**, 24, 617.

34. D. N. Kumar, B. K. Singh, B. S Garg, P. K. Singh, *Spectrochimica Ata Part A.* **2004**, 59, 1487.

35. G. Maciejewska, M. C. Golonka, Z. Staszak, A. Szelag, *Transition Metal Chemistry.* **2002** 27, 473.

36. G. Kumar, A. Kumar, N. Shishodia, Y. P. Garg e B. P. Yadav, *E-Journal of Chemistry.* **2011**, 8(4), 1872.

37. H. Karaer, I. E. Gumrukcuoglu, *Turk J Chem.* **1999**, 23, 67.

38. M. Shakir, P. Chingsubam, H. T. N. Chishti, Y. Azim, N. Begum, *Indian J. Chem,* **2004**, 43A, 556.

39. M. S. Niasari, M. Bazarganipour, M. R. Ganjali, P. Norouzi, *Transit. Met. Chem.,* **2007**, 32, 9.

40. A. B. P. Lever, Inorganic Electronic Spectroscopy, Elsevier, Amesterdão, **1986**.

41. M. Yamashita; J. B. Fenn, *J. Phys. Chem.* **1984**, 88, 4451.

42. S. Chandra; L. K. Gupta, *Spectrochim Ata A.* **2005**, 61, 269.

43. S. Chandra, A. K. Sharma, *Spectrochimica Ata Part A.* **2009**, 72 (4), 851.

44. A. Rani, S. Jain, P. Dureja, R. Kumar, A. Kumar, *World Appl. Sci. J.,* **2009**, 5, 59.

45. M. I. Bruce, K. A. Kramarczuk, B. W. Skelton, A. H. White, *J. Organomet. Chem.* **2010**, 695, 469.

46. M. R. Islam, R. Ahamed, Md. O. Rahman, M. A. Akbar, M. Amin, K. D. Alam, F. Lyzu, *Euro. J. Sci. Res.,* **2010,** 39, 199.

Buy your books fast and straightforward online - at one of world's fastest growing online book stores! Environmentally sound due to Print-on-Demand technologies.

Buy your books online at

www.morebooks.shop

Compre os seus livros mais rápido e diretamente na internet, em uma das livrarias on-line com o maior crescimento no mundo! Produção que protege o meio ambiente através das tecnologias de impressão sob demanda.

Compre os seus livros on-line em

www.morebooks.shop

info@omniscriptum.com
www.omniscriptum.com